99道零失敗五星級料理

超簡單 3 步驟，廚房新手也都會煮的美味三餐！

貓丸説

下廚可能是一種必要或需求；也可以是一種休閒或興趣。
可說是一門學問或哲理；也可謂是一種本能，一種反射動作。

在廚房裡，每天都會有新發現，慢慢也養成新習慣；
即便人不在廚房裡，也總會有滿腦子的新構想，老是想做些新嘗試。

有閒的時候，下廚，是一種享受；
沒時間的時候，下廚，是一種忙裡偷閒的抒發。

激發一個人下廚做菜的動力有很多種。
可能是為了省錢、為了健康；可能是為了慶祝、為了紀念。
可能是為了等著吃飯的那一個人，或是為了等著吃飯的那一票人。

對我來說，下廚則往往是為了解饞。
嘴饞不是病，饞起來要人命。

饞蟲往往是不講道理的，會在奇怪的時間下達不可能的任務指令；
再加上一個人在外的時間長了，對於家鄉味的需求也到了無限擴張的地步。

於是乎下廚不只是為了與飢餓對抗，更是為了滿足身、心、味蕾的渴望；
創造想像中的好口味、重現記憶中的好滋味。

即使手邊沒有慣用的食材，沒有大鍋大鼎，卻也激發出野地求生式的煮食本能，
開發出自己的一套代用公式，拿來解解饞、騙騙嘴倒也還算過得去。

所以我不迷信高級廚房用品或專業廚具，不拘泥設備和食材的等級。
說得直接一點，如果有一流的廚房設備和應有盡有的食材，
要是還做不出好吃的菜餚那就太說不過去了；
但若是能在受限的廚房環境下善用手中現有的材料做出自己喜歡的味道，
那就真的是人生一大樂事了。

料理筆記中符號的使用方式

所需料理時間，若料理需前置作業或等待時間，會以「1day ＋20 mins」表示。

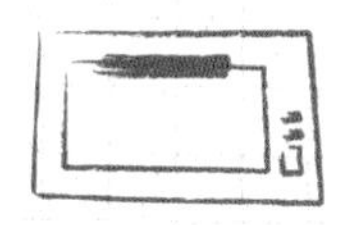

小烤箱，筆記中需要用到烤箱的料理，都是用一台無法調節溫度的小烤箱就能完成的。

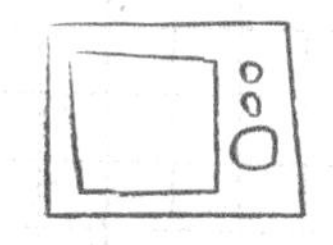

微波爐。

以下的烹飪方式可以選擇「電爐」或「瓦斯爐」來搭配使用器具。如果是使用「電磁爐」，要注意使用的器具是否為金屬底，否則無法傳熱。而電爐、電陶爐等等則無此一困擾。在台灣一般家庭還是以瓦斯爐為大宗，本書所介紹的料理，只要用到鍋子類的器具，不管用瓦斯爐、電爐、電陶爐都行得通囉！

平底鍋。

湯鍋／蒸鍋。

牛奶鍋。

目錄

貓丸家香料廚房的秘密

廚房苦手的牛刀小試

上班族一刻鐘的營養美味

那些值得紀念的日子

世界級創意料理

享受手作的午茶時光

單身快樂的幸福廚房

古早味家常料理

貓丸式創意小技巧

貓丸家香料廚房的秘密

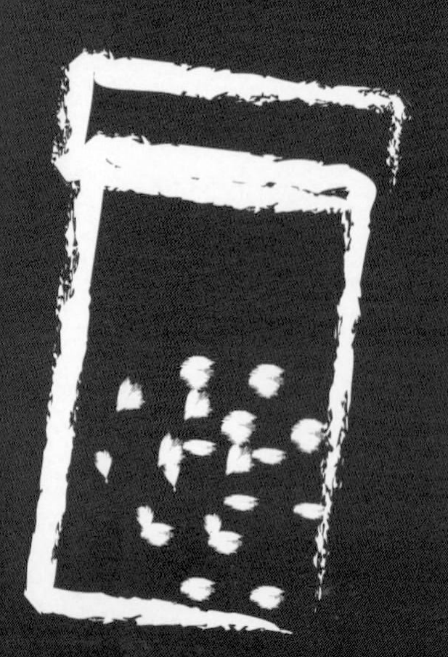

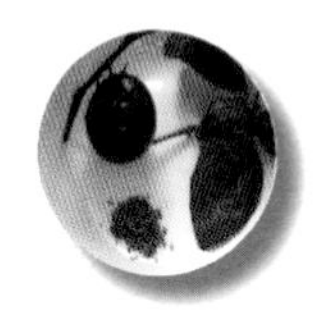

在廚房裡，也許會需要涉獵一些烹飪的知識、也許會需要吸收一些做菜的常識；不過對於味道的好惡，卻是一種本能的反應。

調味料的用處、用法和用量或許可以學習；至於調出來的口味是否合意，終究還是要交給自己的味蕾來做判斷。

不過是基礎的鹽、胡椒，再加上常備的乾燥香草，幾瓶調味料儼然就是一個廚房中的小宇宙，互相碰撞激發出不同的味覺饗宴。打開瓶蓋，嗅一嗅香草的氣味，讓感覺告訴你今天要加哪一種香料。

貓丸向來就沒有綠手指，所以從來不會肖想去搞個香草花園出來；不過偶爾倒是會把買來的新鮮香草插在裝水的小玻璃瓶裡，不但節省了冰箱的空間、增添廚房裡的綠意外，更能享受幾天隨手就能摘取香草的樂趣。

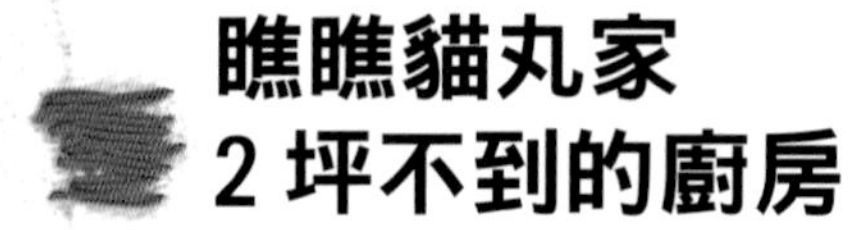

瞧瞧貓丸家 2 坪不到的廚房

這裡原本電爐有兩口，不過因為廚台上沒有晾碗盤和放調味料的空間，只好犧牲其中一個爐口來放囉。常用的調味料包括兩種鹽、三種胡椒、三種糖，四、五種高湯粉，四、五種香草，分裝過的太白粉，小瓶麻油、小瓶辣油、小瓶魚露、小瓶蜂蜜、超小瓶橄欖油、超小瓶義大利香醋，大概只有醬油瓶是正常 size。

不過這些調味料也只是其中一小部份，冰箱裡、小櫥子裡和背後的牆上地上還有很多。所以在這個「廚房」裡幾乎是沒辦法轉身的。

完全拍不到全景，因為地方真的太小無路可退。只看到一點點的是附的小冰箱和 500W 的小微波爐。

地方小、沒有空間的後果就是一切只能往牆上發展。現在可真的是鍋碗瓢盆什麼都能往牆上掛，油鹽醬醋也都靠它在收納，跟小叮噹的口袋一樣厲害。嗯，以後就封它叫果味山的百寶牆好了。

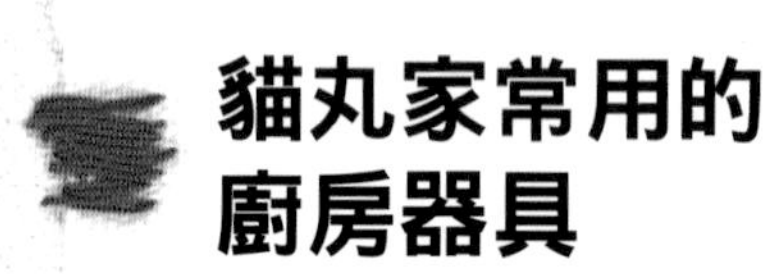

平底鍋

一人份的鍋不用大，直徑 20cm 就夠；選鍋的最高指導原則，只看夠不夠輕便。不管品牌多高級、材質有多好、功能有多強，凡是拿不動的鍋、就不會是好用的鍋～

湯鍋

和平底鍋一樣是直徑 20cm，鍋蓋可以共用；除了燉肉、煮火鍋之外，只要加一個蒸架就能充當蒸鍋使用。

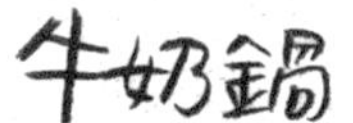

牛奶鍋

所謂牛奶鍋是指小型的單柄鍋，多半附有易於傾倒液體的尖嘴設計，直徑約在 15cm 左右。除了熱牛奶、製作醬料、甜點之外，煮一、兩人份的湯品也算是綽綽有餘了。

焗烤盤

這類器皿可以進烤箱；除了焗烤之外還可以當成簡易的蛋糕模或布丁模，用途非常廣泛。

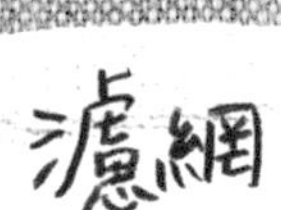

濾網

只要準備一支小小的茶葉濾網就夠了。除了濾茶葉、篩麵粉之外，裝飾甜點或蛋糕時用來撒糖粉或可可粉也很方便。

攪拌器

若是真要把蛋或鮮奶油打至發泡，建議還是使用電動打蛋器比較方便。在這裡要介紹的是小型的鐵管攪拌器，製作醬料或調製飲料時常會用到。

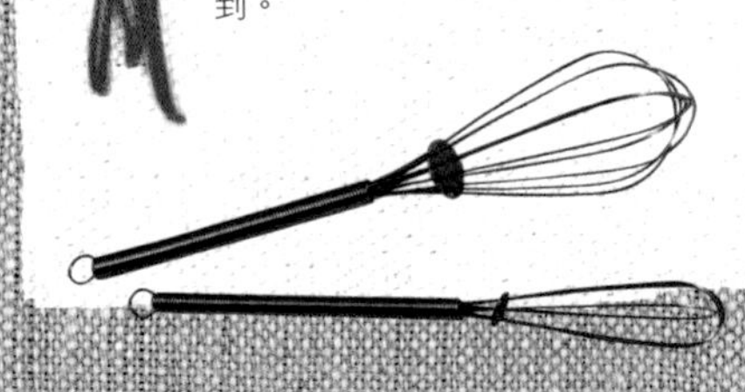

量杯

除了做為計量之用，在蒸煮菜餚需要往蒸鍋裡添加熱水時也能派上用場，因此最好選擇耐熱材質的量杯。

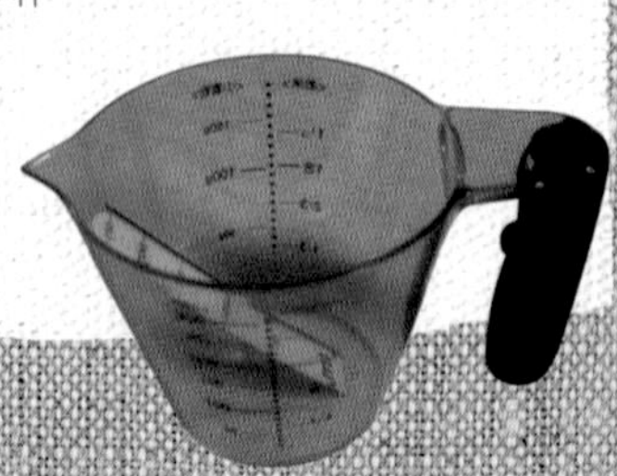

瀝水網

除了一般瀝水之外，在燙青菜或是汆燙食材、煮麵時經常也會需要瀝乾，能準備個不鏽鋼或是其他耐熱材質的瀝水網就會方便許多。

刮刀

矽膠製的刮刀能耐高溫，運用範圍已不只是製作甜點，更可以取代鍋鏟使用。在清洗鍋具之前，也可先用刮刀將鍋底鍋緣沾黏的食物刮乾淨。

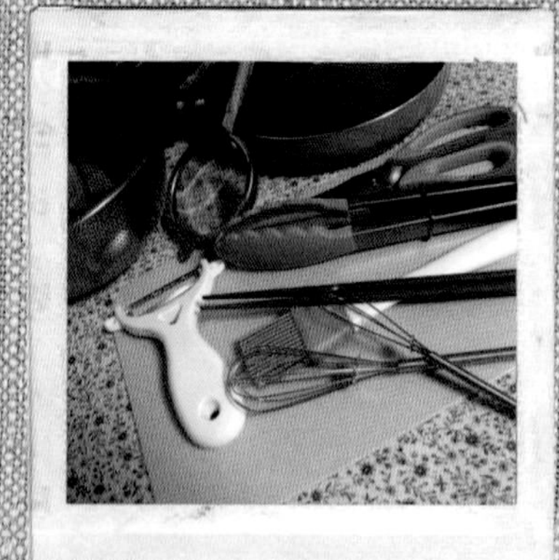

料理常用單位換算

1 大匙 = 1 湯匙
（tablespoon，西式喝湯的湯匙）
= 15ml
1 小匙 = 1 茶匙（teaspoon）= 5ml

如果用量匙，上面標示的刻度是剛好平匙；如果用湯匙和茶匙，粉類的東西有時需要舀滿滿一座山才夠份量。

1 杯（cup）= 240ml
（西式的多半是 240ml 一杯；日式的是 200ml 一杯）
1 量米杯 = 180ml

麵粉 1 杯 = 240ml = 110g ～ 120g
細砂糖 1 杯 = 240ml = 180g ～ 200g

1 捏 = 大拇指和食指捏起的量，約為 1/8 小匙。
1 撮 = 大拇指、食指和中指抓起的量，約為 1/4 小匙。

香料共合國

鹽

當下廚變成一種常態之後，對鹽開始變得挑剔了起來。倒不是為了它的成份，更不是為了它的效用。說穿了，就單純是為了它的「味道」。逃離精鹽的世界後就發現，原來鹽不只是鹹，還有各種不同的風味和面貌。對我來說，鹽無貴賤之分，卻有美味與否之別。

我用過幾種產地不同、形狀各異的鹽；最常用的是一種雪花狀的海鹽。除了因為它味道溫和之外，也因為雪花狀鬆脆好處理，用指尖輕輕壓碎了直接撒在剛煎好的肉類或烤過的蔬菜上，更能增添口感。如果是大顆粒結晶狀的海鹽或岩鹽，就要搭配研磨器使用。

至於哪種鹽好吃，這就見仁見智了；畢竟大家各有習慣的鹹淡口味，在調味上還需要自己多斟酌。尤其是雪花狀或大粒結晶鹽在用量上自然有所不同，可不能老是按表操課、拘泥於標示的計量。總之在調味的過程中，多試味道總不會錯。

胡椒

做菜做得順手之後，另一個改變是越來越少用胡椒。或者應該說是少用「黑胡椒」。當然，通常只要胡椒和鹽加得足，這道菜就難吃不到哪裡去；黑胡椒除了能增加香辣感之外，多少也能掩蓋一些腥羶氣味。

不過黑胡椒畢竟個性強烈，用了之後就很難忽視它的存在；因而漸漸會發現在某些菜色裡它可能會顯得有點「礙味」。雖說少用黑胡椒，不過胡椒還是廚房的必備調味料；尤其是做台式菜色的時候更少不了要用白胡椒粉來提味。順道一提，黑胡椒和白胡椒是同一種植物的果實，原本是綠色的，也能做成綠胡椒；烘乾過後可製成黑胡椒，去皮的則是白胡椒。至於粉紅胡椒籽則是另一種不同植物的果實，常用來增添料理色彩、做為點綴用。

鼠尾草

鼠尾草（sage）也是適合搭配各類魚、肉的香草之一。它的香味清爽，也具有消除腥羶的功用，最適合搭配豬排或是加進絞肉製品裡。據說放在湯裡或配上乳酪也可以；不過我還是比較常用它來烤雞。

若今天在料理時，不知道該用迷迭香還是鼠尾草，那就跟著自己的鼻子走吧。聞一聞它的氣味是甘甜或是酸澀，讓感覺告訴自己今天要用哪種香草嘍！

迷迭香

迷迭香（rosemary）算是香草類中廣為人知的一種。它的氣味芬芳甘甜，和各種魚、肉類都很搭，尤其和雞、羊更是絕配，加它一點就能香甜到千里外；在燒烤之前，如果在醃料裡加進一些新鮮的迷迭香，光聞到那芳香的氣味就夠叫人期待的了。

百里香

百里香（thyme），光聽名字就知道它很香。不過它的香跟迷迭香的甜味不同，尤其是乾燥後的百里香聞起來略帶酸味，跟番茄或需要長時間燉煮的菜色都很搭，也適合用來為蔬菜高湯增添香氣。

百里香也可以搭配麵團，像是做麵包或是餅乾的時候加一些也不錯。
唯一要注意的是，百里香雖然適合長時間烹調，不過它本身略帶苦味，可不能下得太重。

八角　花椒　乾辣椒　蔥頭酥

這幾味相信大家應該不陌生，各種中式、台式、要煮、要滷的都經常會用到。花椒最有名的是它獨特的香氣和麻味；麻婆之所以麻就是要靠它。此外，我也常把花椒加在肉類的醃料裡，像是做油雞和私房料理北平烤雞的時候都會用上。

至於八角和花椒的搭配更是打遍滷味無敵手。除了滷肉用八角、花椒之外，煮茶葉蛋的時候也可以用；加上一個紅茶包，比市面上的滷包還香。乾辣椒在辣味的滷汁裡也常用到；滷之前也可和其他如蔥、薑等材料一起炒過，就更能帶出它的香味了。

蔥頭酥，或叫油蔥酥，就更是台式各種小吃裡不可或缺的香味來源。正港蔥頭酥是用紅蔥頭來炸的；如果使用已經炸好的蔥頭酥來爆香的話，記得先把其他需要爆香的材料下鍋，免得它率先燒焦。

香菜　香茅

香菜也是我們常用的香草之一。舉凡各種大菜小吃、乾料湯水等等，都可以拿香菜來點綴。其實香菜在其他國家的菜色裡也經常出現，像泰式菜餚就使用大量的香菜；雖然也有乾燥的香菜葉，不過幾乎就失去原有的香氣了。倒是乾燥的香菜籽（果實）傳說是世界上最古老的香料之一，常用在咖哩粉或西點裡。

香茅又可稱為檸檬香茅（lemongrass），南洋料理常會用到。雖然乾燥和新鮮的風味有差，不過都可以用在烹調上，也可以拿來泡茶。像做泰式酸辣湯的時候隨手加一點，就能增添不少風味。

羅勒

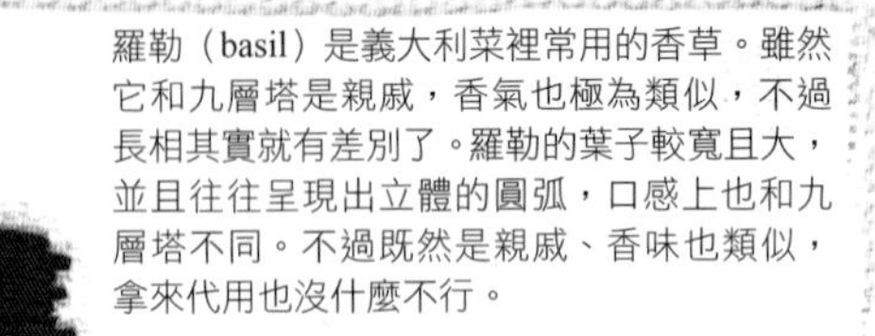

羅勒（basil）是義大利菜裡常用的香草。雖然它和九層塔是親戚，香氣也極為類似，不過長相其實就有差別了。羅勒的葉子較寬且大，並且往往呈現出立體的圓弧，口感上也和九層塔不同。不過既然是親戚、香味也類似，拿來代用也沒什麼不行。

只是羅勒除了加在各種醬料之外，也很適合生吃；九層塔則最好加熱過後食用。

跟許多香草類一樣，乾燥過後的羅勒也是風味大失；不過最近我找到一款乾燥羅勒，加進義大利麵裡吸了水分之後竟然還能恢復三成功力，能吃到香香的羅勒味真開心～

月桂葉　奧勒岡

奧勒岡（oregano）可以算是為了番茄而生的一種香草了吧。光是從它聞起來的那股酸酸甜甜的香氣，就能馬上感覺到它和番茄有多登對了。也可以把奧勒岡和鼠尾草、百里香混合使用，為燉煮類更添深度。

說西式的燉煮類絕對缺不了月桂葉（bay leaf）也不為過。包括咖哩、燉肉、海鮮湯等等，加個一兩片月桂葉可以去除異味，更能增添清爽的芳香。不過月桂葉煮久了會產生苦味，最好中途就取出。另外它也和豬肉很合，在烤的時候可以加個幾片葉子；或是也能運用在擺排上，來個桂冠做為粧點。

小茴香 紅椒粉 番紅花 薑黃

番紅花（saffron）指的是番紅花的雌蕊，還號稱是全世界最貴的香料。雖然它也有獨特的氣味，不過最大的作用還是在於上色；只要三、五根小小的花蕊，就能把一鍋的湯或米飯染成亮麗的金黃色。西班牙海鮮飯就是使用番紅花的名菜。

薑黃（turmeric）多半是指它的根莖所磨成的粉，常用在中東和印度菜裡，也是可以做為染色劑的香料之一。它呈現的色澤和番紅花一樣是金黃色系，因此最初是拿來當成番紅花的代用品。雖然它看起來很像咖哩粉，不過在咖哩粉的成份裡，它是負責出顏色，卻不負責辛辣味；而咖哩粉的主要氣味，這個重責大任則是由小茴香（cumin）來擔當。除了咖哩之外，在煮新疆菜或是墨西哥菜時也常用到。紅椒粉（paprika）是乾燥的紅椒製成的粉，只略帶甘苦、並不帶辣味，也是常用來染色的香料。除了加進湯汁裡一起燉煮之外，也常直接撒在煮好的菜餚上做為點綴。

葛拉姆馬薩拉 粗粒辣椒粉 七味辣椒粉 綜合辣椒粉

葛拉姆馬薩拉（garam masala）是印度的綜合香料，帶有辛辣味，與咖哩粉有些類似。它的原意就是指會辣的香料，至於原料和比例則會因人因菜色而異。

七味辣椒粉（七味唐辛子）是日本常用的調味料，顧名思義是混合了七種材料；種類和比例也是各家不同。除了辣椒粉之外，常用的材料還有陳皮、芝麻、山椒、紫蘇、海苔、薑……。整體來説是香味多過於辣味，常用來給烏龍麵、蕎麥麵或是牛丼加味。

綜合辣椒粉（chili powder blend）也是一種混合香料，除了辣椒粉之外，還常拌有小茴香、大蒜、黑胡椒、奧勒岡等香料，特別是在美式或墨西哥菜色常使用。

粗粒辣椒粉（crushed chili）其實就是略微打碎的乾辣椒，有皮有籽、顆粒分明。這種辣椒粉的用途很廣，不管是歐式、美式還是亞洲料理都很常用。

廚房苦手的牛刀小試

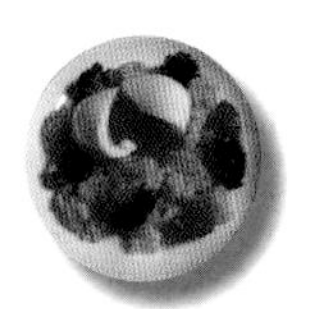

曾有一個朋友跟我說，他其實也很喜歡煮菜，只是覺得有點麻煩而已。偶爾回台灣的時候也會有長輩問我：「現在還每天自己煮飯嗎？不累嗎？」

可是，我之所以敢大聲說我喜歡下廚，喜歡的正是做菜的那個「過程」，也就是朋友口中的那個「麻煩」，也等於是很多人所謂的那份「累」。

對我來說，下廚煮東西既不麻煩也不累，做菜的過程本身就是一種享受。從構想、製作、到完成的每一個步驟，只要是和食物相關的作業，都會讓我萬分期待。倒是如果連續幾天因故不能下廚，那才真的像是累積了一堆壓力無處釋放一樣，渾身都不對勁啊。

其實，下廚並不見得一定要做些什麼大菜；也不是每次下廚都非得花上很長的時間。有許多簡單的餐點，可以隨手完成，又能舉一反三多重利用。

大家不妨走進廚房，動手試試。簡易的菜色也能變化出多種吃法；切一切、拌一拌也能做出驚艷的好味道。多多吸收下廚的經驗、創造自己的廚房哲學，或許從此你也會與廚房結下不解之緣。

香蔥醬 + 肉片

10 MINS

or

List of Food

香蔥醬

1 蔥花　半杯
2 鹽　1/2 小匙
3 麻油　2 小匙

搭配主食

肉片　依個人需求

Cooking Time

蔥，一直都是烹調上不可或缺的配料。生的蔥，帶點辛辣帶點嗆；加熱之後，卻又圓潤飄香。只要大把的蔥花，加點鹽、加點麻油，立即就變身為夠味的香蔥醬。

切個半杯的蔥花，撒上 1/2 小匙鹽，攪拌攪拌，讓蔥花稍微出水變軟；再加約 2 小匙的麻油，拌勻即可。若是能再放個 15、20 分，味道就更均勻融洽了。除了直接沾食之外，烤過的香蔥醬更有另一番香甜的好滋味。

此外，香蔥醬與肉類的味道很合，搭配煎或烤過的牛、豬、雞肉都很不錯。由於香蔥醬含鹽，肉類本身的調味就可以節制一些囉。

Cooking Note

1 將蔥洗淨切成蔥花。

2 灑上鹽巴充分攪拌，讓蔥花稍微出水後淋上麻油拌勻即可。

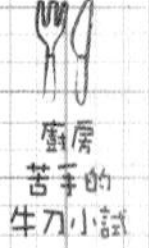

和風涼拌醬汁 + 菠菜 + 豆腐

5 MINS

List of Food

和風涼拌醬汁

1 柴魚醬油	1 大匙
2 蒜末	1/2 小匙
3 麻油	1 小匙

主食搭配

1 菠菜	1 人份
2 豆腐	1 塊
3 秋葵	3 ～ 4 支

Cooking Time

説到和風涼拌，最簡單的不過就是醬油加上一些柴魚片的組合，或再加上少許薑末，添增一些風味。偶爾可以依照心情喜好換換口味，來個不同的涼拌醬汁。一點柴魚醬油的鮮美、一點蒜末的刺激，再加上一點麻油的香醇，就能譜出一段不同的合奏曲。

和風涼拌醬汁可以運用在很多地方，例如燙菠菜、拌豆腐等等。在燙菠菜之前需要仔細將根部沖洗乾淨，不過不能先切掉根，這樣在燙過、沖涼之後才能輕易讓它們排排站好，切成一樣的長度排進小碗或盤子裡，淋上和風涼拌醬汁即可。

至於嫩豆腐的做法更是簡易，先將豆腐切上幾道刀痕，增添視覺效果、也好讓醬汁滲入；再搭上稍微燙過的秋葵，就是一道不同於一般的冷豆腐了。秋葵的黏滑和清脆口感加上嫩豆腐的滑順，吃在嘴裡也形成一種有趣的對比。

Cooking Note

1 柴魚醬油加上蒜末攪拌均勻，再加進麻油調勻即可。

2 將醬汁淋在搭配的豆腐或蔬菜上，也可與菜葉拌勻了再上桌。

Point 市面上販賣的柴魚醬油有各種不同濃度。若買到的是濃縮柴魚醬油，記得加水稀釋後再使用。

肉燥 + 肉燥飯

60 MINS

List of Food

肉燥

1 豬五花	300g	5 米酒或料理酒	2～3 大匙
2 蔥頭酥	3～4 大匙	6 蔥	1 根
3 醬油	約半杯	7 薑	1 小塊
4 冰糖	1 大匙	8 水	適量

Cooking Time

肉燥看似為一道麻煩的料理，但其實只要有一點耐心就能做出屬於個人鄉愁的味道。想煮出一鍋古早味肉燥，理想中該是用整塊帶皮的豬五花肉切成小丁、再加上炸過的紅蔥頭，慢慢滷成一鍋又油又香的肉燥。不過就算是沒皮的豬肉加上現成的蔥頭酥，還是可以煮出噴香的好滋味。

豬肉丁先炒過，也順便炸出一些油；加上蔥頭酥拌炒之後，就可以請醬油、酒、冰糖、蔥、薑這些固定成員來站台。小火慢煮，直到肉丁都快整個化在滷汁裡，一鍋香濃的肉燥就大功告成了。

完成後的肉燥不論是搭配米飯、麵食類、滷味小菜、米糕等等，都成了一道道不失敗的美味料理。瞧！熱騰騰的白飯，加上肉燥、淋上滷汁，永遠都是安定人心的好味道。

Cooking Note

1 將豬五花切成小丁後，放入鍋中炒至出油，加上蔥頭酥拌炒一下。

2 加水煮開、撈去浮沫後加入醬油、酒、冰糖、蔥、薑，轉小火慢煮至肉燥入味、肥肉軟化即可。

如果嫌豬五花肉還要切丁麻煩，也可以使用絞肉替代。而在滷肉燥時，也可放進白煮蛋、豆干、海帶、貢丸一起滷過喔！

度小月擔仔麵 + 燙青菜

10 MINS

List of Food

度小月擔仔麵

1 米粉（或油麵）　依個人需求
2 高湯塊　1 塊
3 水　2 碗
3 豆芽菜　1 把
4 蒜泥　少許
5 白胡椒粉　少許
6 肉燥　1 大匙

燙青菜

1 菠菜（可變換菜色）　1 把

Cooking Time

米粉只需稍微泡一下水，回軟之後即可瀝乾備用；加熱一小鍋高湯來下米粉，還可順便加一把豆芽菜。起鍋後加一點蒜泥、一些白胡椒粉，而重頭戲當然就是要來一大匙肉燥；最好能再搭個和肉燥一起滷過的貢丸或滷蛋，真可謂是天堂啊～

無論是什麼青菜，凡是燙了能吃的幾乎都行；只要再加上一匙肉燥，就已經是人間美味。

度小月擔仔麵

1 將米粉泡水回軟（約 2 ～ 3 分鐘）後瀝乾備用。

2 水煮開後加入高湯塊再放入米粉、起鍋前加入豆芽菜燙熟即可。

3 起鍋後淋上肉燥、蒜泥、白胡椒粉即完成。

燙青菜

1 將青菜洗淨，放入滾水中汆燙一會兒，撈出瀝乾水分裝盤，再淋上肉燥（做法可參考 P31）即可。

厨房苦手的牛刀小試

香烤薯條

15 MINS

List of Food

1 馬鈴薯　　1～2 顆
2 橄欖油　　少許
3 香草　　　隨意
4 鹽　　　　少許

Cooking Time

薯條不管是單吃或搭配烤雞都很棒，特別是帶著皮一起烤，更會有股焦糖一般的香氣。

把馬鈴薯的表面刷洗乾淨，切成均等的條狀；放進大塑膠袋裡，倒進少許橄欖油，加不加香草隨意，隔著袋子把橄欖油均勻搓在薯條表面，取出放在揉皺的鋁箔紙上，撒上鹽，進小烤箱，約烤個 15 分鐘。同樣的步驟也可以應用在其他的根莖類蔬菜上。

除了條狀之外，切成塊狀或丁狀也都不錯，這部份可以視自己想要的擺盤方式來決定。

1 將馬鈴薯刷洗乾淨，切成條狀後放入塑膠袋中。

2 倒進些許橄欖油、香草，隔袋搓揉使其均勻沾附於薯條表面

3 取出放在揉皺的鋁箔紙上後灑上鹽放入小烤箱 15 鐘後即完成。

超簡易泡菜

10+2
MINS HRS

List of Food

1 小黃瓜	1 條	4 鹽	2 大匙
2 紅蘿蔔	約 1/2 根	5 白糖	1 ～ 2 大匙
3 白蘿蔔	約 1/4 根	6 米醋	約 1 大匙

Cooking Time

泡菜其實並不難！只要將切丁的小黃瓜、紅蘿蔔、白蘿蔔撒些鹽抓一抓，放個幾分鐘讓它出水，再沖洗掉大部分的鹽，把菜丁瀝乾。放進密封袋裡，撒多一點白糖搓一搓，再加一點白米醋，擠出空氣、封好袋口，放進冰箱一段時間讓它們入味。其實如果有時間醃過夜的話，可以先用水加醋、加糖再加少許鹽做成泡菜汁來用。

如果大家跟我一樣不想多等待一個晚上，想立即享用泡菜，那也有辦法！醃製時不要加水，相對之下醋的比例就不用下太重，免得過嗆了，如此一來速成泡菜不用等待過夜就完成了。

Cooking Note

1 將小黃瓜、紅蘿蔔、白蘿蔔切丁後撒鹽抓一抓，等蔬菜丁出水後稍微沖洗掉表面的鹽，瀝乾備用。

2 快速做法為瀝乾後放入密封袋內，加進糖和醋，封好放進冰箱約 2、3 小時即完成。

若有時間醃過夜，可以先用水加醋加糖約 2：1：1.5，再加少許鹽做成泡菜汁來用。

起司脆片

10 MINS

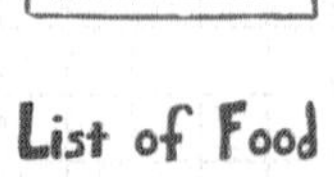

List of Food

1 披薩或焗烤用起司	4、5 大匙
2 胡椒	少許
3 乾燥香草	少許

Cooking Time

用剩的起司也能變身為好吃的脆片。

平時用來做披薩或是焗烤的乳酪就是現成的材料；如果有整塊的 parmesan 乳酪，當然也可以刨成碎片來用。

首先在烘焙用紙上把起司碎片一大匙、一大匙分開鋪平。記得間隔留大一點以免整個黏在一起。撒上一些現磨胡椒或是自己喜歡的乾燥香草類也可以，放進小烤箱烤個 8 ～ 10 分鐘左右，只要它整個融化、攤平、表面烤出色澤就行。

烤好之後邊緣又香又脆、中心還留有一點點嚼勁；乳酪本身含有鹽分，適合做為搭配飲料的小點心。

1. 將起司一大匙、一大匙分開鋪平在墊了烘焙用紙的烤盤上。
2. 隨意撒上胡椒或香草類調味放進小烤箱烤 8 ～ 10 分鐘即完成。

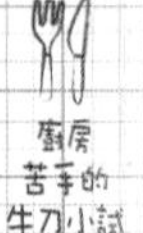

馬鈴薯泥

30 MINS

List of Food

1 馬鈴薯	1 顆	3 奶油	1 小匙
2 牛奶	2～4 大匙	4 鹽或其他香料	隨意

Cooking Time

馬鈴薯泥不僅可以單吃，也適合搭配各種肉類料理。而且可蒸也可以水煮，看自己方便；只要馬鈴薯確定熟透、不留半點外皮即可。

把熟透的馬鈴薯壓碎，放進小鍋裡，加點牛奶，開小火，攪拌均勻。薯泥很會吸收水分，喜歡口感柔滑一點的話要多加些牛奶；也可以再加一點奶油拌勻。試試味道，看是否要再加點鹽或是其他香料；裝盤後淋上 gravy（肉汁做成的醬料）或是其他醬汁也都不錯。

剩下的薯泥還可以加上番茄肉醬或是培根、撒點乳酪絲，放進烤箱內約 10 分鐘就變成香噴噴的焗烤薯泥了。

焗烤薯泥

Cooking Note

1. 馬鈴薯削好皮、切成小塊，以蒸鍋蒸或直接水煮約 20 分鐘。
2. 把熟透的馬鈴薯壓碎，放進小鍋裡，加上奶油和牛奶邊以小火加熱，攪拌均勻即可。
3. 完成後的薯泥，可隨意加上鹽巴或香料調味，也可淋上醬汁。

歐美國家做肉類料理時常常搭配 gravy，它是用肉類的湯汁和油脂加上麵粉、稍微調味之後收成的濃稠醬汁。不過我們比較沒有大批煎烤肉類的習慣，只是想要做這個搭配的醬汁時，可以用鍋熱一點奶油，讓它煮到轉成黃褐色（但是不能燒焦喔），再加點焦糖（做法可參考 P129），再加些料理酒或白酒煮開（真的都沒有，單純加水也可），接著加點高湯粉，再試一下味道，看需不需要加鹽或胡椒即完成喔。

經典洋芋沙拉

20
MINS

List of Food

1 馬鈴薯	1 顆	4 美奶滋	1 大匙
2 紅蘿蔔	1/4 根		
3 蛋	1 顆		

Cooking Time

蒸透的馬鈴薯、紅蘿蔔和蛋，再拌上一些美奶滋，就已經是一道美味沙拉。如果想保留馬鈴薯本身的口感，可以切成大塊來蒸；若是喜歡綿密口感，除了事先把馬鈴薯切碎了蒸，在拌上其他材料之前也可以把它壓成薯泥。

美奶滋的量可多可少，需要的話也可以再用點鹽或胡椒來調味。火腿、玉米粒、豌豆等也都是常見的配料，可為沙拉增添不同的風味和口感。

另外將醬料換成蒜香芥末美奶滋，洋芋沙拉也會有不同的風采。搭配的紅蘿蔔、綠花菜也不要切得太細碎。另外再加上幾隻剝好殼的水煮蝦也不錯。拌上蒜香芥末美奶滋，給香甜的沙拉增加一點刺激；加上一個半熟的白煮蛋，中和了嗆辣、更增滑潤口感。

1 將蒸熟的馬鈴薯、紅蘿蔔和蛋切成喜歡的大小或以叉子稍微壓碎，再拌上一些美奶滋。

2 再用點鹽或胡椒來調味，或加上火腿、玉米粒、豌豆等等配料，可為沙拉增添不同風味和口感。

3 也可將調味料換成蒜香芥末美奶滋醬（做法可參考 P53），嗆辣刺激的口感也不錯。

吮指回味的超簡易烤雞

20 MINS

List of Food

1 小雞腿或雞翅	4 隻
2 橄欖油	適量
3 鹽	少許

Cooking Time

這道菜除了小雞腿，一般我常用小烤箱來烤雞翅或去骨的雞腿。不管是哪個部位，都可以先放進塑膠袋裡，加進一點橄欖油，隔著塑膠袋就能將橄欖油均勻搓在雞肉表面，在加熱的過程中可以保持肉質溼潤、又不至於太過油膩。雞肉在烤的過程中會出油和湯汁，一定要使用烤盤並加上一個烤架，或鋪一張揉皺的鋁箔紙，才不至讓雞肉浸泡在湯汁中。

在雞肉的正反兩面都撒上鹽，就是最基本的調味；把雞肉放在鋪了鋁箔紙的烤盤上，去骨雞腿是帶皮的面朝上，雞翅或小雞腿則是外側朝上。總之，皮越多的地方就越不能讓它貼在烤盤上，才能烤出金黃焦香的表面。至於鋁箔紙上的雞汁可別浪費，留著拌麵拌飯都很鮮美。

通常小烤箱的上下均有石英管加熱，去骨雞腿或是雞翅就不用特地翻面；雞腿這類圓筒狀的食材則可以翻個一兩次。時間則須看烤的食物量和小烤箱的功率來衡量；大致上我烤一整片去骨雞腿約要 12 ～ 15 分左右，4 隻雞翅或 4 隻小雞腿也差不多是這個時間。不過最重要的還是隨時視情況做調整，才是做出美味菜餚的不二法門。

Cooking Note

1. 將小雞腿放進塑膠袋裡，加進橄欖油，隔著塑膠袋將其均勻搓在雞肉表面。
2. 取出小雞腿，表面撒上鹽，放在鋪了鋁箔紙的烤盤上，烤 12 ～ 15 分即完成。

關於烤盤上揉皺的鋁箔紙：準備一張夠大的鋁箔紙平放，然後張開兩手掌心平貼上去、再夾動手指，就能做出有山有谷的代用烤架；最好不要把整張鋁箔揉成一團再展開，會很容易弄破，雞汁漏在烤盤上就很難收拾了。

Chocolate Pots 巧克力甜心膏

List of Food

1 黑巧克力	175g	4 香草（精）	少許
2 鮮奶油	120ml	5 白蘭地	隨意
3 牛奶	100ml		

Cooking Time

這是一道簡單的甜點。Chocolate Pots 口感介於巧克力和巧克力醬之間，是一種軟質的巧克力點心。將 175g 黑巧克力切碎備用。黑巧克力指的是沒加牛奶的 dark chocolate，一般選用半甜（semi-sweet）的就可以了。

120ml 鮮奶油和 100ml 牛奶用小火溫熱而不使沸騰，加少許香草（或香草精）。喜歡酒香的可以加一點點白蘭地，也可以選用其他自己喜歡的香料。加進切碎的巧克力，可以等個 30 秒左右讓巧克力融化，攪拌均勻之後倒進容器裡，放進冰箱降溫即可。最好在容器上加蓋保鮮膜或鋁箔紙以免沾染到冰箱裡的其他氣味。

這道點心口味濃厚，一個人的份量差不多一個濃縮咖啡杯大小即可；不妨選用好一點的巧克力，吃起來更加綿密香醇。

Cooking Note

1 將鮮奶油和牛奶混合後用小火溫熱（不用沸騰），再加上少許香草，想要有酒香也可在此時加一點點白蘭地。

2 加進切碎的巧克力，約 30 秒左右融化並攪拌均勻後倒進容器中。

3 在室溫放涼後，再放進冰箱冰鎮約 60 分後即完成。

上班族一刻鐘的營養美味

日本有專賣蔬果的「青果店」、專賣肉類的「精肉店」、專賣魚蝦的「鮮魚店」；不過一般在都市裡，還是以超市較為方便，產品的種類也齊全。有回我在超市的魚蝦櫃想挑些蚌，站在魚攤旁招攬生意的北北對著我說：「小姐，要不要買個魚下巴？烤了正好下酒！」

我只是笑了笑，繼續物色著其他東西，卻聽到他又補上一句：「因為你一臉很能喝的樣子。」嘖嘖，合著我這還是個千杯不醉的面相啊。北北，就算我臉上真的寫著「很會喝」三個字，也不會因此就讓我想跟你買那一大塊魚下巴啦……

不過也由此可見，日本上班族的壓抑緊繃，放假休息就想要喝酒的情緒連魚攤販的北北也拿來作為招攬生意的口號。不管是上班族還是學生，平時再怎麼狼狽、再怎麼忙，還是要想盡辦法抽空給自己準備些吃的才好。

食物不只是營養的來源，也是舒壓的法寶；就算只是道簡單的輕食，也能為忙碌的一天帶來活力和滿足。讓均衡的飲食照顧好胃腸、維持健康的身心，消除一天的疲憊、也才能繼續迎戰明天更緊湊的節奏。

方方培根蛋吐司

5 MINS

List of Food

1 培根	2 條	4 鹽	隨意
2 蛋	1 顆	5 水	1 小匙
3 胡椒	隨意	6 吐司	1 片

Cooking Time

培根吐司加蛋幾乎是台灣早餐店的基本配備！不過在家裡也可以作些有趣的變化，培根加蛋，只是換個方式煎，就有一番不同的滋味。

將兩條切半的薄片培根，不必放油，直接用平底鍋來煎，愛煎到多香多脆可以看自己的喜好而定；翻面繼續煎的時候就可以把培根排成四方形，將蛋打在中間。

可以撒些胡椒或自己想加的調味料；若是培根已經很鹹的話就不用再另外加鹽。太陽蛋煎法，不需要翻面，在鍋裡加進少許水之後轉小火、蓋鍋蓋，等蛋白燜熟即可上桌。

方方的培根蛋，配上方方的吐司再合適不過了。

1 將培根煎脆後排成四方形，把蛋打在中間。

2 從鍋邊加入 1 小匙水（不要直接加在蛋上）後轉小火，蓋上鍋蓋將蛋白燜熟。

3 合為一體的培根蛋放在吐司上即完成。

蒜香芥末美奶滋 + 蔬菜棒

5 MINS

List of Food

醬料

1 美奶滋	1 大匙
2 芥末醬	1 小匙
3 蒜泥	1/2 小匙

蔬菜棒

1 白蘿蔔	1 截
2 胡蘿蔔	1/2 根
3 小黃瓜	1 條

Cooking Time

這裡的芥末所指的是西洋黃芥末（mustard），除了黃色的糊狀芥末之外，也有帶著未經研磨芥末子的顆粒狀芥末醬。黃芥末除了直接搭配速食或排餐類，也可以調製成其他的醬料，應用範圍就更廣泛了。

一大匙美奶滋加上一小匙芥末醬，另外再加個 1/2 小匙左右的蒜泥，拌勻即可。即便是調在美奶滋裡，蒜泥的功力仍不可小覷，要視自己的口味和場合的限制來調整蒜泥的多寡嘍。

稍帶一點嗆辣的芥末加上甜潤的美奶滋，變化出截長補短的好味道。再加上些蒜泥，更增辛辣，做為生菜沙拉的醬汁或蔬菜棒的沾醬都不錯。基本上含水量多、口感清脆的蔬菜都很適合；切成棒狀後直接沾上蒜香芥末美奶滋食用即可。

1 將白蘿蔔和胡蘿蔔削皮、小黃瓜洗淨後，切成長條狀。

2 食用時沾取混合好的醬料即可食用。

切開的小黃瓜放久了籽的地方會出水，除非要將小黃瓜的籽刮掉，不然最好是要吃的時候再切、或是浸泡在冰水裡冰鎮著上桌。

雞柳三明治＋蜂蜜芥末美奶滋

15 MINS

List of Food

雞柳三明治

1 雞柳（或去皮的雞胸肉）	1 小條
2 吐司	1 片
3 生菜	數片
4 番茄	數顆
5 香味蔬菜 （西洋芹葉、蔥綠等）	隨意

蜂蜜芥末美奶滋

1 美奶滋	1 大匙
2 芥末	1 小匙
3 蜂蜜	1 小匙

Cooking Time

蜂蜜芥末美奶滋一樣是一大匙美奶滋加上一小匙芥末，再來個一小匙蜂蜜，當然也要視原材料的濃淡和自己的口味去做調整，拌一拌就成了一道大人小孩都喜愛的醬料了。

因為蜂蜜含較多水分，調製出的醬料可能會比較偏向流質狀，除了當沾料之外，也可直接淋在食物上。加上蜂蜜的芥末美奶滋，很適合做為三明治、潛艇堡的醬料；另外也可做為雞肉、薯條等的沾醬。

而雞柳或去皮的雞胸肉可以事先蒸熟或水煮過；如果擔心水煮雞胸肉會太老，可以把雞胸肉放進煮滾的水裡蓋上可密封的蓋子之後熄火，讓它燜在熱水裡，也可以放些香味蔬菜去腥增香。（用西洋芹的葉子或是蔥綠之類也都可以。）如果是一整片雞胸肉約要燜個 25 ～ 30 分鐘；若是雞柳的話大概不花 10 分鐘。

等雞肉放涼之後再切片，連同生菜或番茄鋪到麵包上或夾在剖開的法國麵包裡，再淋上蜂蜜芥末美奶滋就可以了。

Cooking Note

1 將雞柳與香味蔬菜放入滾水後，蓋上鍋蓋後熄火燜 10 分鐘後，取出放涼切片備用。

2 準備生菜、番茄、雞柳鋪在吐司上。

3 淋上蜂蜜芥末美奶滋即完成。

生菜烤雞捲 + 貓丸私房醬料

上班族
一刻鐘的
營養美味

30 MINS

List of Food

生菜烤雞捲

1 去骨雞腿肉	1 片
2 生菜	隨意

貓丸私醬料

1 韓式辣醬	2 小匙
2 蘋果泥	1 小匙
3 白芝麻	少許
4 醬油	2 小匙
5 麻油	1 小匙
6 蜂蜜或糖	少許

Cooking Time

只要按照前面提到的吮指回味的超簡易烤雞的方法處理去骨雞腿，稍微放涼之後再切成小片即可。

接著準備一些大葉子的生菜，可以包著雞肉，另外也可以切一些片狀或條狀的蔬菜一起搭配。我喜歡做個稍微帶韓國風味的沾醬來搭配，用韓式辣醬加上蘋果泥、磨碎的白芝麻、醬油、麻油等材料，若手邊剛好也有蒜泥、蜂蜜、韓式泡菜醬等等也都能加進去，配料隨意及手邊現有的食材自由搭配喔！

吃的時候拿片菜葉，放上沾了醬的雞肉，選些自己喜歡的蔬菜一起捲起來，大口咬下去就對了！

Cooking Note

1 請參考吮指回味的超簡易烤雞做法（P45），再將烤雞放涼切片。

2 用韓式辣醬加上蘋果泥、磨碎的白芝麻、醬油、麻油、蜂蜜或糖混合均勻。

3 將生菜洗淨後擺盤，搭配烤雞片及韓式混合辣醬即完成。

大家可於前一天晚上準備好烤雞，隔天只要花不到 5 分鐘調製沾醬，就完成了一道營養早餐了！

韓式烤肉沙拉

5 MINS

List of Food

烤肉沙拉

1 肉片	數片
2 生菜	隨意

韓式醬料

1 甜鹹沾醬	1 大匙
2 松子	隨意

油醋醬

1 橄欖油	3 大匙
2 義大利香醋 （酒醋或不含糖的果醋也可）	1 大匙
3 鹽	少許

Cooking Time

韓式烤肉沙拉的想法是從右邊這道開胃烤雞沙拉來的，比起烤雞，肉片料理的方式簡易許多了。肉片不一定要烤，直接用平底鍋煎一煎也很好。不論是韓式烤肉沙拉還是開胃烤雞沙拉，基礎上和生菜烤雞捲是同樣的概念，只是換個方式把切好的肉加在沙拉裡吃。

這道烤肉沙拉我沿用了韓國烤肉的感覺，除了搭配烤肉常用的甜鹹沾醬之外，也烤了一些松子，更增添一些口感和核果香。

除了前面提到的韓式醬料之外，也可以調製較清爽的油醋醬來搭配，或直接使用自己喜愛的市售醬汁也不錯。

開胃烤雞沙拉

Cooking Note

1 將甜鹹沾醬搭配烤過的松子，變成了一道有口感的韓式醬料；而油醋醬把橄欖油、義大利香醋、少許鹽巴加起來攪打均勻，或是裝進罐子裡搖勻即可。

2 將肉片烤熟（或煎熟）備用。

3 將生菜洗淨後拌上韓式醬料或油醋醬及肉片即可食用。

鹹口味法式吐司

List of Food

1 吐司	2 片	4 香草	隨意
2 全蛋	1 顆	5 火腿或培根	1 片
3 起司粉	1 大匙		

Cooking Time

香甜綿密的法式吐司也可以做成鹹口味喔！打上一個全蛋，加上約一大匙的起司粉，也可以隨意加些乾燥的香草類添增香氣。除了口味之外，在口感上也想和甜口味的法式吐司做出區別，所以不加牛奶或其他液體。兩片吐司，先用碗切出圓形，再放進蛋裡去讓它們把蛋汁吸盡抹乾。

平底鍋加些油，中偏小火來煎，煎好之後表面金黃香酥、中心柔軟蓬鬆，搭配火腿或培根也不錯。

Cooking Note

1 將全蛋、起司粉和香草混和備用。

2 利用杯子或碗將吐司切出圓形，浸入蛋汁中後，再用一點奶油將吸飽蛋汁的吐司表面煎至金黃即可。

3 可搭配火腿或培根。

使用奶油煎食物的時候，最好要加上一點沙拉油或其他液體植物油，可以防止奶油燒焦。

白醬薯泥棺材板

10 MINS

List of Food

1 厚片吐司	1 片	4 鹽	適量
2 白醬（做法請參考 P69）	2 大匙	5 蔬菜	隨意
3 馬鈴薯泥	2 大匙	6 火腿	1 片

Cooking Time

傳統的台南棺材板是把去邊的厚片吐司油炸過，切開挖成盒子狀後淋上用雞肝、雞肫等內臟類煮成的羹。棺材板這個名稱的由來有兩說，一是外觀有些類似；另一個由來則是說「肝」的台語發音跟「棺」一樣，才演變成棺材板的。

我把去邊的厚片吐司用小烤箱烤至表面變得硬脆，用刀尖沿著麵包邊緣割一圈，小心把蓋子的部份撕起來；把蓋子底下的麵包撕起一小層就好，其餘的部份就往底部壓平，做出盒子的深度。

與其像市面上的棺材板都放些沒什麼內容的羹，倒不如顛覆傳統，做個西式的白醬馬鈴薯泥；加些蔬菜和火腿，新口味的烤棺材板就完成嘍。

1 厚片吐司用小烤箱烤至表面變得硬脆，用刀尖沿著麵包邊緣割一圈，小心把蓋子的部份撕起來。

2 白醬加上馬鈴薯泥調勻，依照自己口味加上少許鹽或其他香料，也可加些蔬菜和火腿。

3 將調好的白醬薯泥裝進吐司裡即可。

上班族一刻鐘的營養美味

焗烤型棺材板

15 MINS

List of Food

1 厚片吐司	1 片	3 乳酪絲	1 把
2 白醬 （做法請參考 P69）	2 ～ 3 大匙	4 其他餡料	隨意

Cooking Time

焗烤型棺材版做法，只要將厚片吐司先稍微烤一下，讓表面較具硬度、但還沒完全上色；照樣劃出一圈刀痕，去掉蓋子和少許中心部份。填上焗烤用的餡料；白醬要收得稠一點，不能帶太多水分。表面撒上一些乳酪絲，再回小烤箱烤至上色即可。

其實白醬搭配烤香的麵包，倒是有些奶油可樂餅的感覺。

1 將厚片吐司先稍微烤一下，用刀尖沿著麵包邊緣割一圈，去掉蓋子和少許中心部份。

2 填上焗烤用的餡料後，撒上一些乳酪絲，再回小烤箱烤至上色即可。

那些值得紀念的日子

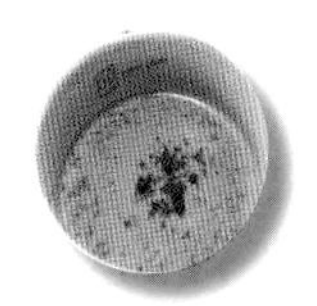

我曾經住過一間要和其他四個人共用廚房的宿舍。廚房裡除了餐桌椅、櫥櫃、電爐、烤箱之外，還有一台會整個結霜變成雪人的冰箱。

不知道是因為機種太過老舊、還是在五個人合力摧殘之下必然的結果，總之每隔一陣子冷凍室裡結的霜就會厚到直接把門頂開；只要結的霜不除，就算是用盡暴力也沒辦法把門給關回去。偏偏這台冰箱結成的霜又堅硬無比，不管是用敲的、槌的、挖的、鑿的，往往還是動不了它分毫。

事隔多年，究竟哪種方法的除霜效率最好現在已經無從考證；但我還清楚記得有一回四個人共找來三台吹風機，對著冷凍室的冰山吹熱風，還一邊在地上鋪抹布、擰抹布、換抹布來吸冰山融化後流下來的水，豈是一個狼狽了得。即便如此，在這個廚房裡與朋友一起下廚、辦趴踢、做年菜、慶生的那些時光，也成了留學生活中最美好的回憶之一。

生命裡，有許多里程碑，值得好好紀念；生活中，有許多好日子，值得大大慶祝。藉著這樣的機會，與親朋好友共聚一堂，做些好菜來招待大家、也犒賞自己。就讓豐富的餐桌為團聚的時光增添色彩，也讓風味獨特的美食滿足大家的胃。總之，能帶來歡樂的元素永遠都不嫌多。

香醇濃郁的白醬

List of Food

1 奶油	4 大匙
2 麵粉	4 大匙
3 牛奶	400ml

Cooking Time

白醬的奶香和綿滑的口感一直廣受大家喜愛；更能廣為應用在各種焗烤、濃湯、奶汁可樂餅等菜色上。傳統的做法是以奶油炒麵粉，再加上牛奶緩緩加熱、持續攪拌。若是改用微波爐，倒是可以省去不少手續，也可以免去麵粉結塊或燒焦的風險。

在微波用的大碗公裡放入 4 大匙奶油，微波約 1 分鐘，讓奶油完全融化之後再加入 4 大匙麵粉，攪拌成均勻的糊狀後倒入 400ml 的牛奶略微攪拌，微波約 5 分鐘後再攪拌均勻就成了濃稠的白醬。使用時再依照用途來調味或適度稀釋；用不完的部份也可以用保鮮膜包好冷凍保存。

1 先將奶油放入大碗裡微波 1 分鐘，奶油融化後加入麵粉攪拌均勻成糊狀。

2 倒入牛奶略微攪拌後再微波 5 分鐘，攪拌均勻就成了濃稠的白醬。

奶油使用有鹽或無鹽並不會有太大差別，只要不是乳瑪林這類人造奶油即可；麵粉在這裡的目的是增加黏稠度而不是讓它生筋，所以使用中、低筋比較好。牛奶則是直接從冰箱取出的狀態即可使用，也不需要事先回溫或加熱。

幸福一刻蘑菇湯

那些
值得紀念
的日子

10
MINS

List of Food

1 白醬	1/2 杯	4 高湯	1 杯
2 蘑菇	6 ～ 7 顆	5 牛奶或鮮奶油	少許
3 洋蔥	1/8 個		

Cooking Time

用高湯稀釋白醬，再加上玉米粒或是自己喜愛的蔬菜，就是一道簡易的濃湯了。而蘑菇濃湯是我相當喜歡的一種。蘑菇要多、要細碎；湯要濃、要夠味。小小一杯湯，就可以用掉 6、7 個不小的蘑菇，先切成碎末狀備用；也是切碎了的洋蔥先下鍋用一點油慢慢炒軟，再加上蘑菇，炒出香味之後不妨加點白酒。待酒精蒸發之後加上少許高湯和白醬煮開，試試味道、調整鹹淡；起鍋前還可再視口味加點牛奶或鮮奶油，更增濃郁。

Cooking Note

1 將切碎的洋蔥放入鍋中炒出香味，再放入切碎的蘑菇一起炒過（可加點白酒提味）。

2 再加入高湯與白醬煮滾，起鍋前可試味道調整鹹淡，再加點牛奶或鮮奶油增添風味。

用烤得香香酥酥的麵包沾著、浸著、泡著吃，是我享受蘑菇湯的最佳方式。也可以調整蘑菇湯的濃稠度，將厚片吐司挖空倒進餡料，就變成創意府城小吃棺材板囉！（棺材板料理方式可參考 P63）

清爽健康的豆腐塔塔醬

5
MINS

List of Food

1 美奶滋　　1 小匙
2 嫩豆腐　　1/2 盒
3 洋蔥　　　1/4 顆
4 酸黃瓜　　1/2 條
（小條的可以用 3、4 條）
5 水煮蛋　　1 顆
6 檸檬　　　少許

Cooking Time

原本塔塔醬（tartar sauce）是以美奶滋為基底，加上切碎的洋蔥、酸黃瓜、水煮蛋和檸檬等材料調成的。搭配魚排或炸蝦、花枝等海鮮類最合適；當然也可以加在魚堡類或是其他肉類上。

我保留了大部份的材料，只是把大量的美奶滋減到 1 小匙，其餘不足的部份就以含水量高的嫩豆腐代替。只要先把嫩豆腐用打蛋器或刮刀攪拌成糊狀就行了，加進其他材料後，可以再看情況添點洋香菜、胡椒來調整口味。其中固體配料的多寡、要切粗粒還是細末、檸檬汁要加到多酸，都是可以自由調配的嘍。

Cooking Note

1 將洋蔥、酸黃瓜、水煮蛋切碎備用。

2 嫩豆腐攪拌成糊狀後將材料與美奶滋混入拌勻即可。

3 可視個人喜好利用檸檬做口味上的調整。

爽口的豆腐塔塔醬可搭配在沙拉、炸魚排、煙燻鮭魚等等。

鮮炸魚排佐豆腐塔塔醬

15
MINS

List of Food

1 鱈魚	1 片	3 蛋液	1 顆
2 麵粉	1～2 大匙	4 豆腐塔塔醬	隨意

Cooking Time

魚排炸好後雖然會沾醬吃，卻不表示魚排本身不需要調味；魚肉要事先撒點鹽，之後還要把表面出的水分擦乾才行。

不管是炸魚或是炸蝦炸肉，凡是裹麵包粉去炸的程序都差不多是一樣的。首先要滿滿沾上麵粉，並拍掉多餘的粉。薄薄的一層麵粉遇到魚肉表面的水分就會牢牢吸附住，之後沾上打散的全蛋，蛋汁也才會附著在麵粉上。最後再整個裹上麵包粉，可以稍微輕壓一下表面讓麵包粉固定，用中火炸至兩面金黃。

在炸這類薄型的魚或肉時，我的油量一向用得少，所以是半煎半炸、中途需要翻面，不過還是一樣能炸得金黃香脆。

1 將魚肉洗淨灑鹽靜置幾分鐘，再將表面水分吸乾。

2 將魚肉兩面依序沾上麵粉、蛋汁，最後包裹上麵包粉。

3 平底鍋裡放入適當油量，以半煎半炸方式將魚排炸至金黃色即完成。

輕食主義麵包佐墨西哥酪梨醬

5
MINS

List of Food

酪梨醬

1 酪梨	1 顆	4 辣椒	少許
2 鹽	少許	5 洋蔥、青蔥	
3 檸檬汁	少許	香菜、番茄	隨意

Cooking Time

酪梨醬（guacamole）是一道源於墨西哥的沾醬，把搗碎的酪梨（avocado）拌上各種調味料，經常搭配著玉米片一起吃。

調味上不外乎是鹽、檸檬汁、辣椒等，也可選擇性加些洋蔥、青蔥、香菜、番茄之類的材料；而酪梨是要切大塊還是要整個絞碎都無所謂，是一道自由度很高的醬料。

如果不想吃到鹽巴的顆粒，可以先把鹽溶進檸檬汁裡再加進酪梨醬中；另外如果搭配一起食用的玉米片或餅類原本就帶有鹹味的話，酪梨醬的調味就可以清淡些，免得你鹹我鹹、大家都嫌。

Cooking Note

1 檸檬汁加鹽調勻備用。

2 用刀將酪梨劃開、去籽，挖出果肉壓碎，加入檸檬汁拌勻。

3 加入檸檬汁、混入切成末的洋蔥、青蔥、香菜、辣椒或切丁的番茄等略微攪拌即可。

除了做為沾醬之外，酪梨醬也可以當成一道配菜或是沙拉，也可以當成三明治或潛艇堡的餡料。直接把它堆在麵包片上也行；當成一道點心或是前菜、拼盤類也都很方便。

辣肉醬薄餅捲（Tortilla）

30 MINS+
30 MINS

List of Food

1 高筋麵粉	400ml
2 鹽	1 小捏
3 橄欖油	1 大匙
4 溫水	105 ～ 110ml

Cooking Time

墨西哥的 tortilla 除了指玉米餅之外，也有以麵粉製成的薄餅。

在大盆子裡放進約 400ml 的高筋麵粉，加上 1 小捏鹽和約 1 大匙的橄欖油，邊攪拌邊慢慢加進約 105 ～ 110ml 的溫水，再揉成均勻的麵團，包上保鮮膜後放著讓它鬆弛約 30 分鐘。

這個份量差不多可以做成 6 張餅。把鬆弛過的麵團分成 6 等分，各自搓圓、桿平；不必加油，直接在平底鍋上以中火將兩面略微煎過即可。用薄餅捲著、包著生菜和辣肉醬，再依喜好加上其他的配料，也頗有 DIY 的樂趣。

薄餅

1 將高筋麵粉、鹽、橄欖油混合，再慢慢加入溫水，揉成均勻的麵團後包上保鮮膜後放著讓它鬆弛約 30 分鐘。

2 之後將麵團分成 6 等分，各自搓圓、桿平。

3 放在平底鍋上用中火乾煎即可。

★墨西哥辣肉醬做法可參考 P107。

★另一種吃法：雖然沒有玉米餅，但利用自製的薄餅也可以做成像是 taco 的吃法。先在餅皮上鋪好生菜葉，把辣肉醬、其他配料放在通過餅皮中心的一直線上，再將餅皮對折輕壓一下讓它定型，就是個軟式的 taco 了。

起司風味辣肉醬薄餅捲（Quesadilla）

5 MINS

List of Food

1 肉醬	2 大匙
2 薄餅	2 片
3 乳酪	2 片

Cooking Time

Quesadilla 是指夾了乳酪的墨西哥薄餅，然後加熱使乳酪融化。除了乳酪之外，也可以一起夾進其他切碎的材料。

雖然夾東夾西也很美味，不過我還是喜歡單夾上乳酪就好。加熱的時候可以直接用保鮮膜把餅包住，微波 10 ～ 20 秒。

品嚐乳酪融化後的香濃和黏稠感，再搭上一口辣肉醬、一口生菜沙拉，呼！真不賴。

Cooking Note

1 薄餅的做法可參考 P79。

2 薄餅夾上乳酪，用保鮮膜把餅包住，微波 10 ～ 20 秒即可。

味噌醃烤鱈魚

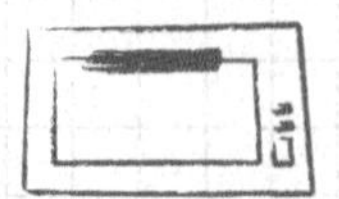

List of Food

1 鱈魚	2 片
2 西京味	150g
3 白砂糖	1 小匙
4 料理酒	1 小匙

Cooking Time

我用的是鱈魚，一般來説本身味道較淡的白肉魚都還挺合適的。醃兩片魚我大概會用個 150g 左右的西京味噌，加上 1 小匙白砂糖和 1 小匙料理酒拌匀，裝進密封袋裡。

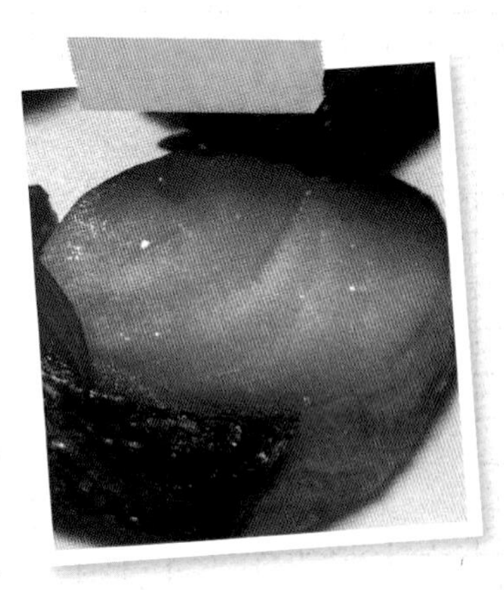

魚肉在洗淨後一定要用廚房紙巾擦乾，放進裝了味噌的密封袋裡，讓魚的表面都能裹上味噌。擠出袋裡的空氣、密封好，可以再套上一個塑膠袋防止氣味外漏，放進冰箱冰上一天。若是用的味噌量較少、只夠在魚的表面塗上薄薄一層的話，可以冰個兩天讓它較為入味。

醃好之後從袋子裡取出，刮掉表面沾著的味噌。味噌在燒烤的過程中很容易燒焦，最好能把附著在魚肉上的味噌都擦乾淨。把魚肉放在揉皺的鋁箔紙上，帶皮的面朝上，用小烤箱來烤。萬一表面有快燒焦的跡象，就加一小張鋁箔紙遮蓋一下會燒焦的部份；要記得鋁箔紙只是稍微蓋著，不能封住整個魚肉，否則就等著吃蒸魚嘍。如果魚肉不是特別厚的話，大概烤個 10 分鐘、整體上了色即可。鮮美入味的味噌烤魚，絕對是引發扒飯欲的一大誘因。

Cooking Note

1 將味噌、白砂糖、料理酒混和均勻後，連同鱈魚放入密封袋內醃製並放進冰箱 1 ～ 2 天。

2 待鱈魚入味後取出，並將表面的味噌刮乾淨。放進小烤箱中烤約 10 分鐘即可。

★如果使用其他種類的白味噌，可以再多加 1 小匙料理酒，或是視情況減短醃漬的時間。
★使用揉皺的鋁箔紙食物比較不會沾黏喔！

★醃製的道理相同，大家可以嘗試醃製不同的肉類或是食材！
★味噌的種類眾多，通常顏色越淺的鹹度越低；反之顏色越深的紅味噌則鹹度越高。我常用的是西京味噌，這是一種較白且甜、適合用來醃漬各種食材的味噌。

味噌香烤雞腿

那些
值得紀念
的日子

2 DAY+
20 MINS

List of Food

1 去骨雞腿肉　1片
2 西京味噌　150g
3 白砂糖　1小匙
4 料理酒　1小匙

Cooking Time

只要比照醃漬味噌魚的方法來醃製雞肉，就能品嚐到不同風味的烤雞了。我還是選了去骨的雞腿肉來做，也比較容易均勻入味；不過雞肉需要花多一點時間才能把味噌的鹹度吃進去，至少要在冰箱裡放個兩天。一片去骨的雞腿肉畢竟原本就有厚有薄，若是怕味道不均勻，可以在醃之前用刀把過厚的地方切開來。

烤之前還是要把表面的味噌刮擦乾淨，放在揉皺的鋁箔紙上烤；必要的時候加蓋一小張鋁箔紙防止燒焦。看雞肉的大小來調整時間，通常可能要 15 ～ 20 分。烤好的雞肉稍微放涼一點，可以斜切成片；醃過的肉會帶有一種爽脆的口感，配飯、下酒都適合。

Cooking Note

1 將味噌、白砂糖、料理酒混和均勻後，連同去骨雞腿肉放入密封袋內醃製並放進冰箱 2 天。

2 待雞腿肉入味後取出，並將表面的味噌刮乾淨。

3 放在揉皺的鋁箔紙上進小烤箱中烤約 15 ～ 20 分鐘即可。

香煎味噌豬排

2 DAY+
20 MINS

List of Food

1 里肌肉	2 片
2 西京味	150g
3 白砂糖	1 小匙
4 料理酒	1 小匙

Cooking Time

嘗試過用味噌醃魚和醃雞後，那不妨也試試豬肉吧。我用的是里肌肉，除了要擦乾表面水分之外，最好要沿著邊緣切開幾道小缺口，特別是把肥瘦肉交界處的筋先切開幾道，加熱以後肉才會保持平整、不至於捲曲變形。

豬排大約也要醃個兩天，加熱之前一樣要刮掉表面的味噌。不過豬排的話我覺得直接用平底鍋煎比較方便，可以先在平底鍋鋪上一張烹調用紙以防味噌黏鍋。烹調用紙要剪成適當的大小，不可垂到鍋子外，以免危險。

1 里肌肉擦乾表面水分後，沿著邊緣切開幾道小缺口，後續加熱才不至變形。

2 將味噌、白砂糖、料理酒混和均勻後，連同處理好的里肌肉放入密封袋內醃製並放進冰箱 2 天。

3 待里肌肉入味後取出，並將表面的味噌刮乾淨後放入平底鍋煎熟即完成。

香草烤雞

那些
值得紀念
的日子

15
MINS

List of Food

1 小雞腿	4～6 隻	3 香草	少許
2 橄欖油	2 小匙	4 蒜泥	少許

Cooking Time

香草烤雞其實和吮指回味的簡易烤雞並沒有太大差別，只是放進袋子裡搓橄欖油的時候可以多加點料。不管烤什麼部位，千萬不要去皮，一定要連皮一起烤。

如果有新鮮的香草類當然很好；就算沒有，加點乾燥的香草也行。特別是使用乾燥香草類的時候更要確定都搓上橄欖油；如果只是乾乾地撒上去的話很容易變成焦黑的小點，看起來樣子不是很討喜。

後續的鋪鋁箔紙、撒鹽、進烤箱等，都可以比照吮指回味的簡易烤雞的方式；只要掌握了大原則，小細節都是可以隨機應變的。

Cooking Note

1 請參考吮指回味的超簡易烤雞做法（P45）。

2 在放進袋子裡搓橄欖油的步驟，加入香草和蒜泥，之後做法皆相同。

加點蒜頭一起搓上雞肉也很不錯，不過要注意的是蒜頭含有糖分，也是屬於容易先烤焦的材料。

香辣雞翅

20 MINS

List of Food

1 雞翅	4 隻	4 辣椒粉	適量
2 醬油	1 大匙	5 果糖	少許
3 酒	1 小匙		

Cooking Time

在做香辣雞翅的時候我習慣先用醬油、酒醃一下，不用太久，只是讓它著色、增加香氣；一樣放在揉皺的鋁箔紙上，在雞翅表面撒上具有辣味的香料。如果想做日式口味，就來點七味辣椒粉；若是想做個中東風味，那就撒點葛拉姆馬薩拉。

進烤箱，四隻雞翅差不多也是 12 ～ 15 分鐘；如果想要增加甜味和光澤，還可以在烤好前 2 ～ 3 分鐘時淋一些糖漿或果糖在雞翅表面。加了糖之後要注意千萬別烤過頭，烤好之後也要立刻把雞翅拿出烤箱，免得烤焦，可就難以補救了。

Cooking Note

1 將醬油及酒混合後放入雞翅醃 5 分鐘。

2 上色後的雞翅放在鋁箔紙上，撒上辣椒粉進烤箱約 12 ～ 15 分鐘即完成。

3 若想增加甜味和光澤，可在烤好前 2 ～ 3 分鐘時，淋上糖漿或果糖在雞翅表面。

葛拉姆馬薩拉（Garam masala）於香料共和國有介紹（P23）。

私房料理北平烤雞

那些值得紀念的日子

30 MINS+ 30 MINS

List of Food

醃料

1 醬油	1 大匙
2 米酒	2 小匙
3 薑末、花椒、五香粉	少許

沾醬

1 甜麵醬	2 大匙
2 果糖或糖漿	1 小匙
3 麻油	1/2 小匙

材料

1 蔥、小黃瓜	各半根
2 春捲皮	3、4 張
3 去骨雞腿肉	一片
4 果糖或蜂蜜	少許

Cooking Time

這道菜與其說是北平烤鴨風味的烤雞，倒不如說是北平烤鴨「氣氛」的烤雞。將去骨雞腿肉一片放進塑膠袋裡，加上 1 大匙醬油、2 小匙酒，少許的薑末、花椒、五香粉。調好之後綁好袋口，放進冰箱約 30 ～ 60 分鐘。

烤的方式還是一樣放在揉皺的鋁箔紙上，時間差不多也是 12 ～ 15 分；在剩下最後 3 分鐘左右的時候記得要在皮上淋一些糖漿，或用果糖還是蜂蜜代替也行，讓表面烤出光澤和香甜的氣味即可。為了避免糖份炭化，烤好之後立刻取出；稍微放涼之後切成小片、擺盤備用。

把蔥段和小黃瓜切成差不多的大小；甜麵醬則可加上一點糖漿和少許麻油攪拌均勻，讓風味更具深度、不會死鹹。

如果有工夫的話也可以自己煎一些麵餅來包雞肉吃；我買的是炸春捲用的春捲皮。每張春捲皮切成四等分，噴上水、蓋好保鮮膜，微波 10 ～ 15 秒即可。

拿張麵皮，包進沾了甜麵醬的雞肉和爽口的小黃瓜、蔥段，這不正是北平烤鴨「氣氛」嗎？

1 將去骨雞腿肉一片和調味料放入塑膠袋中，置於冰箱內至少 30 分鐘。

2 把入味後的去骨雞腿肉放在揉皺的鋁箔紙上進烤箱約 15 分，最後 3 分將表皮塗上糖漿。

3 把春捲皮切 4 等分，噴上水、蓋好保鮮膜，微波 10 ～ 15 秒，包裹沾上甜麵醬的雞腿肉及切段的蔥、小黃瓜即可。

吐司脆片樂活拼盤

那些
值得紀念
的日子

40
MINS

List of Food

1 吐司　　2 片
2 各種配料：火腿、番茄、草莓、起司、蝦子、花生醬
（以自己家裡有的食材為主唷！）

Cooking Time

吐司脆片適合用薄片吐司來做；簡單來講就是以低溫烘烤來去除吐司的水分，讓它變得又乾又脆。

把兩片去皮的薄片吐司各切成 4 等分，放進烤箱去烘。大烤箱可以設定在約 100 ～ 110℃，烘烤個 30 分鐘左右，視情況增減。小烤箱若不能調整溫度，也可以在烤箱加熱之後把電源關掉，讓吐司在餘溫中乾燥；重複個幾次之後也會有同樣的效果。

烘乾的吐司鬆鬆脆脆，加上各種配料，就是一道多采多姿的前菜了。在放上水分多的餡料之前，最好在吐司脆片上先鋪一層乳酪或其他較乾燥的食材，也好做防潮之用。

Cooking Note

1 不能調節溫度的小烤箱，可以在烤箱加熱後把電源關掉，讓吐司在餘溫中乾燥。

2 大約重複 3 ～ 5 次可以達到讓吐司鬆鬆脆脆的效果。

3 在鬆脆的吐司上放上各種配料囉！

世界級創意料理

在日本，採買食物的習慣自然和在台灣不太一樣。除了強烈的季節感之外，一般超市也會因應各種節慶而推出特定的應景食材。好比年底開始就會賣年菜用的材料，像是醃漬的鯡魚卵、糖煮黑豆等冷食；二月就賣製作巧克力的各種材料和道具。三月賣女兒節用的食材、五月賣兒童節兼端午節的食材。

此外，日本超市在肉類的處理、販賣上，也和台灣有很多不同的地方。譬如說經常看到的雞肉產品有雞胸、雞柳、去骨雞腿肉、切塊的去骨雞腿肉、雞胸絞肉、雞腿絞肉等。竟然沒有帶骨的雞腿。而且我住過三個不同地區的六間不同超市都是如此。

想買帶骨雞腿，請等十二月。因為只有聖誕節前才會賣帶骨雞腿、全雞、以及真空包裝的燻鴨胸。不過只有在四月底五月初的黃金週假期才會賣羊排肉又是怎麼回事啊？真是不明所以的節慶料理。

但相信創意不會受到季節的限制，只要稍微改變搭配的食材，就能變化出屬於自家廚房的世界級好料。

西班牙海鮮飯

40 MINS

List of Food

材料

1 米	1 米杯
2 番紅花蕊	4 ～ 5 根
3 熱水	300cc
4 高湯塊	1 塊

調味料 / 配料

1 蒜末	1 小匙
2 洋蔥末	3 ～ 4 大匙
3 蝦、貝類等海鮮	任意

帶殼的海鮮賣相佳，但事前的清洗可絕對不能少。除了海鮮之外，番茄、紅椒、豆類都是不錯的搭配；大蒜、洋蔥最好也準備一些。若是加些月桂葉或是紅椒粉，更能帶出多樣風味。

Cooking Time

雖然這是一道認真講究起來沒完沒了的大鍋飯（paella），不過很多時候我相信講究比不上變通來得重要；只要掌握幾個大原則，再隨自己的口味和需求去調整就好了。

海鮮和其他配料也隨自己選擇。我也沒另外煮高湯，用的是湯塊；熱水裡加上 4、5 根番紅花蕊，帶出金黃的色澤之後把湯塊和燙海鮮的湯汁一起加進去。在平底鍋裡炒些蒜末、洋蔥末，炒軟、帶出香氣之後把米加進去鋪平。

可以分次加進高湯，讓米粒慢慢吸收；或是偷懶直接加進約和米等量的高湯，蓋上鍋蓋轉小火燜，既不會破壞米粒原本的形狀，又能煮出較合我們口味的軟硬程度。總之不要去翻攪，讓米粒自己吸飽了湯汁，煮出底部帶有鍋巴的金黃米飯。

待高湯完全吸收後，把處理過的海鮮和其他配料鋪回米飯上，不喜歡米還帶芯的感覺那就蓋個蓋再燜一會兒。上桌的時候可以再放上切半的黃檸檬。鮮美的海鮮飯搭上清香的檸檬，忍不住想馬上大快朵頤了！

Cooking Note

1 事先將蝦子煎過帶出香味，撒些鹽，加點水或白酒燜一下，順便也把湯汁留下來煮飯。帶殼的貝類也可先以白酒蒸燜過。

2 將蒜末、洋蔥末炒軟、帶出香氣之後把米加進去鋪平，分次加進高湯，讓米粒慢慢吸收。

3 待高湯完全吸收後，把處理過的海鮮和其他配料鋪回米飯上再稍微煮或燜一下即可。

番紅花洋香腸飯

世界級
創意料理

30
MINS

List of Food

材料		配料	
1 米	1 米杯	1 洋香腸	2、3 根
2 番紅花蕊	4、5 根	2 水煮蛋	1 個
3 熱水	300cc	3 豌豆莢	2、3 個
4 雞湯塊	1 塊	4 黑橄欖	適量

Cooking Time

話說 paella 原本指的只是大鍋飯，並不是非要放海鮮不可；只是基於對海鮮飯這個名稱的認知和嚮往，大家往往沒注意到其實這道番紅花飯加上雞肉或洋香腸也一樣美味。

番紅花飯比照西班牙海鮮飯辦理，只不過把海鮮高湯換成雞高湯；除了洋香腸之外，我還準備了水煮蛋、豌豆莢和黑橄欖。

洋香腸種類繁多，我用了普通市面上買得到的不道地脆皮香腸；只不過一時興起多切它幾刀，再稍微將表面煎過、讓腸衣收縮，就變成一堆小章魚、小螃蟹、和四不像蝦了。

1. 將洋香腸切成喜歡的形狀煎過；豌豆莢可燙過備用。
2. 將蒜末、洋蔥末炒軟、帶出香氣之後把米加進去鋪平，分次加進雞高湯，讓米粒慢慢吸收。
3. 待高湯完全吸收後，把處理過的配料鋪回米飯上再稍微煮或燜一下即可。

日式五目飯

List of Food

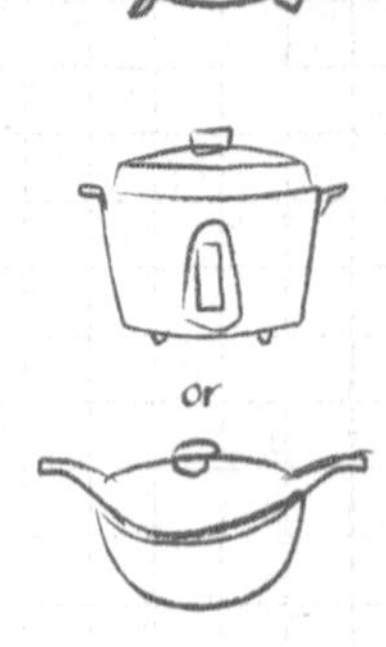

材料

1 米	1 米杯
2 紅蘿蔔絲	適量
3 乾香菇	1、2 朵
4 筍絲	適量

高湯

1 柴魚湯粉	1 小匙
2 米酒或料理酒	1 大匙
3 醬油	1 小匙
4 糖	1 小匙
5 鹽	1 小捏
6 水	180 ～ 200ml

Cooking Time

說是五目飯，但也沒硬性規定非要放五種材料不可；像是雞肉、牛蒡、蒟蒻、炸豆腐皮、菇類都是常用的配料。我用了筍絲、紅蘿蔔絲和泡過的乾香菇；筍也可以切小丁或片，較具口感。

為了讓米能充分吸收高湯的味道，最好事先洗好米、讓它充分瀝乾後再煮。煮飯的高湯不外乎是柴魚湯頭加上酒、醬油、糖、鹽之類。1 杯米可大略加上 1 小匙柴魚湯粉、1 小匙醬油、1 大匙酒、1 小匙糖、 1 小捏鹽，加水至一般煮飯時所需的量即可。如果使用較不易熟或較硬的材料，也可以事先跟高湯一起稍微煮過。

米加上高湯、配料，放進電鍋裡煮，或是用砂鍋煮開了之後小火燜熟就更有氣氛了。怕會變得太熟爛的材料或是會變色的食材可以等飯煮好後再加入，一起拌勻或做為點綴均可。

1 洗完米後瀝乾備用。乾香菇預先用水泡開切成絲。

2 將高湯材料混和煮滾。

3 將米、高湯、配料放進電鍋中烹煮，也可用砂鍋或湯鍋煮開了之後小火燜熟即完成。

除此之外，將五目飯變身為三角飯糰也相當適合喔，不管是當成正餐、點心、便當、野餐都很方便。包的時候可以先在一張保鮮膜的中心放上所需的飯量，收緊保鮮膜的四邊把飯收成圓球形，壓扁之後再利用廚台或桌面把周圍壓成三角形即可。

日式鯛魚飯

世界級創意料理

30 MINS

or

List of Food

材料

1 鯛魚片	1 片
2 米	1 米杯
3 薑絲	少許

高湯

1 酒	1 大匙
2 醬油	1、2 小匙
3 鹽	1 小捏
4 水	180 ～ 200ml

Cooking Time

日式鯛魚飯對於米的處理方式和五目飯差不多，最好都能先充分瀝乾；高湯方面為了能品嚐到魚本身的鮮美，就不用柴魚湯頭，簡單用水加醬油、酒、鹽即可。

不過一般煮鯛魚飯的時候不希望米飯著色，會使用淡色的醬油。日本品牌醬油所謂的濃口、薄口並不是味道的鹹淡，而是顏色的濃淡；因此希望帶出鹹度而不上色的時候，就用薄口醬油，這和所謂老抽、生抽的分別有異曲同工之妙。

講究一點的鯛魚飯當然是用砂鍋煮，可以在米上鋪一片昆布、再放上加鹽烤過的帶骨鯛魚去煮。不想那麼麻煩的話也可以直接把高湯和米放進電鍋煮；等飯煮好後再開鍋把鯛魚片放在飯上一起燜熟。如果使用帶骨的魚，要先去骨之後再把魚肉拌進飯裡；最後可以再加上一些薑絲，更添清香。

Cooking Note

1. 將高湯和米放進電鍋煮；也可使用湯鍋或砂鍋，先以大火煮開之後再以小火燜煮。

2. 等飯煮好後再開鍋把鯛魚片放在飯上一起燜 10 ～ 15 分鐘。

3. 最後將魚肉拌進飯裡，依個人喜好可以再加上一些薑絲即完成。（若使用帶骨的魚，要先去骨之後再把魚肉拌進飯裡。）

墨西哥辣肉醬

世界級
創意料理

45 MINS

List of Food

材料		調味料	
1 牛絞肉	200g	1 小茴香粉	2 大匙
2 罐頭番茄丁	半杯	2 辣椒粉、粗粒辣椒粉	1 小匙
3 豆類	約半杯	3 芫荽（香菜）籽粉	適量
4 水	約 2 杯	4 糖	1 大匙
5 洋蔥末	約半杯	5 檸檬汁	1 小匙

Cooking Time

墨西哥風味的辣肉醬（chili con carne 或簡稱 chili）風味特殊，不管搭飯搭麵配麵包配麵餅都各有千秋。我用了牛絞肉來做這道肉醬；用豬或雞其實也都可以。跟做茄汁肉醬的基礎是差不多的，先用油將洋蔥末炒得金黃飄香，再放進絞肉、加上各種調味料拌炒。不同的是在調味料的種類，我用了大量的小茴香粉，另外加了辣椒粉、粗粒辣椒粉、芫荽（香菜）籽粉。

絞肉炒至八分熟後就加些水和罐頭番茄一起煮；也可加些糖和檸檬汁，或想加些和番茄搭配的香料也行。等番茄融入湯底後，可以加進一些已經泡水發過的豆類或是罐頭豆子；煮到自己喜歡的熟軟度之後，將湯汁收稠，加些鹽調味，就完成這道風味獨特的辣肉醬了。

1 先用油將洋蔥末炒得金黃飄香，再放進絞肉、加上小茴香粉、辣椒粉、粗粒辣椒粉、芫荽籽粉拌炒。

2 絞肉炒至八分熟後就加水和罐頭番茄一起煮，待番茄融入湯底後，可以加進一些已經泡水發過的豆類。

3 煮到自己喜歡的熟軟度之後，將湯汁收稠，加些鹽調味即完成。

貓丸特調肉醬佐麵包 + 大亨堡

世界級
創意料理

15
MINS

List of Food

肉醬麵包特餐

1 墨西哥辣肉醬	1 小碗
2 酪梨或酪梨醬	2 ～ 3 大匙
3 酸奶油	2 大匙
4 紅椒粉	少許
5 莎莎醬	2 ～ 3 大匙

大亨堡

1 乳酪絲	2 大匙
2 生菜	3 ～ 5 片
3 莎莎醬	1 ～ 2 大匙

莎莎醬

1 大番茄	1 個
2 辣椒	1 條
3 洋蔥	1/4 顆
4 檸檬	1 個
5 鹽	少許

Cooking Time

利用墨西哥辣肉醬單單配上麵包也不是不行，不過只需稍加一些配料，馬上就能升等為 VIP 級的饗宴。一些酪梨或酪梨醬、一點酸奶油加紅椒粉，再來一些略帶酸辣的莎莎醬，就是我的墨式豪華特餐。

另外，一樣是搭配麵包，只是換個方式，就又是另一種不同的吃法。可以把辣肉醬夾進大亨堡麵包的切口，加上一些乳酪絲稍微將表面烘烤一下，熱著吃；或是先在麵包上鋪些生菜葉，夾進辣肉醬，再來點莎莎醬增添風味，就又是一種不同的口感了。

1 先將番茄、辣椒、洋蔥切碎，加入檸檬汁拌勻，以少許鹽調味即完成莎莎醬。

2 將準備好的墨西哥辣肉醬、酪梨醬、酸奶油加紅椒粉、莎莎醬分別裝在小碗中，自由混搭醬料，搭配麵包或大亨堡就可以開始享用了。

日式雞肉奶汁白醬燉菜

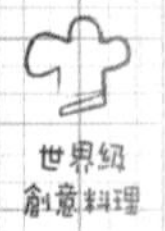

60 MINS

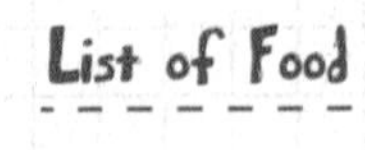

材料

1 馬鈴薯	1 個
2 紅蘿蔔	半條
3 洋蔥	1/2 顆
4 雞肉	150g
5 花椰菜	1/4 棵
6 白醬	3 大匙

（做法請參考 P69）

調味料

1 高湯粉	少許
2 起司粉	少許
3 胡椒	少許
4 牛奶或鮮奶油	少許

Cooking Time

這是一道可以單吃也可以配飯、配麵包的菜，加上高湯稀釋做成濃湯也可以。

選用的蔬菜和肉類可以依自己的喜好調配，最基本的搭配多半是馬鈴薯、紅蘿蔔、洋蔥加上雞肉；另外也可搭配一些蕈菇類、綠色花椰菜、青豆、蘆筍、玉米粒等。

程序上大致跟做日式咖哩差不多。去骨的雞腿肉切成適合入口的大小；花椰菜可分成小朵，以鹽水燙過後沖涼，保持清脆的口感。馬鈴薯、紅蘿蔔等都切成塊，大小可看自己喜好而定。若是不想花太久的時間來煮，可以稍微切小塊一點；要是喜歡大塊、又希望口感鬆軟的話，可以事先蒸過備用。

快速將雞肉表面煎過。下鍋的時候記得先煎帶皮的面；之後再把洋蔥、馬鈴薯、紅蘿蔔下鍋一起炒過，加上水或高湯煮開之後以小火燉煮。蔬菜煮軟之後再加上白醬，也可再以高湯粉、起司粉、胡椒或其他香料來調味；喜歡濃郁口味的話還可以額外加點牛奶或鮮奶油。起鍋之前再把燙過的花椰菜加進去熱過，就可以享用一鍋的溫暖香濃了。

1 將去骨的雞腿肉、馬鈴薯、紅蘿蔔都切成適合入口的大小，把花椰菜分成小朵，以鹽水燙過後沖涼。

2 快速將雞肉表面煎過，再把洋蔥、馬鈴薯、紅蘿蔔下鍋一起炒過，加上水或高湯煮開之後以小火燉煮，煮軟之後加上白醬和調味料，也可加點牛奶或鮮奶油繼續燉煮一下。

3 起鍋之前再把燙過的花椰菜加進去熱過即完成。

小巧珍珠丸

35
MINS

List of Food

珍珠丸

1 糯米	約 3 大匙
2 豬絞肉	約 70g

調味料 / 配料

1 薑末	1 小匙
2 鹽	1 撮
3 糖	1 小匙
4 白胡椒	少許
5 米酒或料理酒	1 小匙
6 醬油	1 大匙
7 太白粉	1 大匙
8 麻油	少許

Cooking Time

無論是犒賞自己、或是辦桌宴客，晶瑩小巧的珍珠丸都能為餐桌增色不少。

首先先將糯米約 3 大匙以冷水泡過，瀝乾之後可加點鹽拌勻備用。豬絞肉約 70g，可先攪拌過讓它帶有黏性；不想沾手的時候就放在塑膠袋裡用桿面棍槌過。使用塑膠袋的時候最好從封口處往開口處一路槌過去，以免空氣積在封口處導致塑膠袋爆肚。

打開袋口，加上 1 小匙薑末、一點鹽、一點糖、一點白胡椒，隔著塑膠袋把肉和調味料揉勻，再打開來加液體調味料。米酒或料理酒約 1 小匙、醬油約 1 大匙，一樣隔著塑膠袋把肉和調味料揉勻。調味好之後加進約 1 大匙太白粉拌勻。最後再來點麻油增加肉餡的香氣。

珍珠丸的大小也是隨自己的喜好。把搓圓的肉丸放到糯米上，滾一滾，讓表面黏上一層糯米。蒸的時候盤子裡容易積水，最好墊上可以稍微吸收水氣的東西，像是烹調用紙或燙過的高麗菜葉。把沾好糯米的肉丸平均放在盤子上，大火蒸大概 12 ～ 15 分。蒸好之後可以單吃，或是依自己的口味準備一些醬油醋、黃芥末之類的沾料也不錯。

Cooking Note

1 用冷水浸泡糯米約 20 分鐘，瀝乾之後可加點鹽拌勻備用；豬絞肉可先攪拌過讓它帶有黏性，加上薑末、鹽、糖、白胡椒，把肉和調味料揉勻，再加酒和醬油拌勻。

2 加進太白粉拌勻，最後加上麻油，將絞肉搓成圓球形，放到糯米上滾一滾，讓肉丸表面沾滿糯米。

3 盤子裡鋪好烘焙用紙或是燙過的高麗菜葉，將肉丸平均放在盤子上，用蒸鍋大火蒸 12 ～ 15 分鐘即可。

法式吐司

10 MINS

List of Food

1 吐司	1 片
2 蛋	1 顆
3 牛奶	1 大匙
4 奶油	1 小匙
5 楓糖漿	1 大匙

Cooking Time

有關法式吐司由來的傳說雖然有好幾種，但肯定不是在法國製造的。也不見得非要用吐司不可，總之它就是沾了蛋汁去煎或烤的切片麵包。至於蛋汁裡加不加牛奶、糖、肉桂粉，這就是隨人喜好了。

我用了一個全蛋，打散之後加些牛奶攪拌均勻。因為我不太喜歡太溼軟的口感，牛奶只用了約一大匙；此外我比較喜歡另外加糖漿吃，所以蛋汁裡不放其他含糖的材料，煎的時候也比較不會燒焦。

一片土司，不用去邊，直接切成兩半，放到蛋汁裡讓它吸飽飽的。平底鍋裡加一點點油防沾黏；如果喜歡用奶油煎的話也還是要加一點液態的炒菜油，可以防止奶油太快燒焦。以中火把吐司的兩面煎成黃褐色即可，加上奶油和楓糖漿或蜂蜜，趁熱享用。

1 用一個全蛋打散之後加些牛奶攪拌均勻。

2 將吐司切成兩半，直接放到蛋汁裡讓它吸飽。

3 平底鍋加一點油，以中火將吐司兩面煎成黃褐色即可，最後加上奶油和楓糖漿或蜂蜜，趁熱享用。

英式吐司奶油布丁

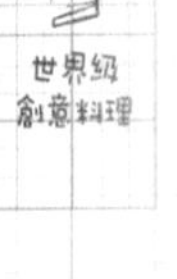

List of Food

1 厚片吐司	1 片
2 牛奶	75ml
3 白砂糖	1 大匙
4 蛋	1 顆
5 葡萄乾	約 10 顆
6 糖粉	適量

Cooking Time

Bread and butter pudding，是以吐司麵包為底加上蛋奶汁烤成的甜點，在英國是很普遍的家庭料理。由於它原本就是一種隨性的英國媽媽的味道，各家都有各自不同的做法和口味。

我用了 1 片去皮的厚片吐司，等分成 8 個三角形，隨意排進焗烤的容器裡；另外用 75ml 溫熱過的牛奶加上約 1 大匙白砂糖，慢慢加進一個打散的全蛋裡，邊加邊攪拌成均勻的蛋奶汁。

把蛋奶汁倒進排了吐司的容器裡，原則上是讓所有吐司都吸到蛋奶汁，但不要全都浸泡在液體裡，一定要露出一些可以烤得金黃香酥的角。可以撒上一些泡過熱水或蘭姆酒的葡萄乾，進小烤箱大概烤個 8 ～ 10 分鐘就行了。出爐之後也可以撒上些糖粉做為裝飾。乾掉的老麵包就成了溫暖的甜點嘍。

Cooking Note

1 用 1 片去皮的厚片吐司，等分成 8 個三角形，隨意排進焗烤的容器裡。

2 將牛奶加上白砂糖溫熱，再慢慢倒進一個打散的全蛋裡，攪拌均勻成蛋奶汁。

3 把蛋奶汁倒進排了吐司的容器裡，撒上泡過熱水或蘭姆酒的葡萄乾，放進小烤箱約烤 8 ～ 10 分鐘即完成，最後也可撒上一些糖粉作裝飾。

享受手作的午茶時光

我不會照著食譜做菜。這個「不會」包含了意願上的不會與能力上的不會。也就是說，我既不想、也沒辦法邊看食譜邊做菜。要帶一本食譜進廚房並沒有什麼困難，不過若想把它完好如初地再帶出我那個香料紛飛、水花四濺的小廚房，似乎需要點技術。更何況，我總覺得在廚房裡，感官全都放在食物上，要看、要聽、要嗅、要嚐、要觸，不夠再去分給食譜了。

但這並不表示我都不看食譜。小時候去逛書店都是把食譜當成圖畫書在看；電視烹飪節目也從傅培梅時代一直看到 discovery 頻道。早在開始累積烹飪經驗之前，就率先累積了一堆廚房知識，也成為後來下廚做菜時的資料庫；或許這也是讓我在開始下廚之後能不斷生出新點子的功臣之一。

如果有需要，我會在參考食譜上的做法後根據自己手邊能取得的材料去變化，再依照自己所需的份量去重組，按自己習慣的方式寫張備忘錄，比直接帶食譜進廚房更放心嘍。

除了料理三餐，午茶時光對我來說也是相當重要的一個時刻。下午茶，不光是午後的點心時間，更代表了一種可以停下來喘口氣的閒適、一份可以暫時不理會世間嘈雜的悠然心境。泡壺茶，做些點心，帶上一本閒書，讓香甜滋味伴自己遨遊書中世界；或是天南地北閒話家常，與三五好友共享甜蜜時光。

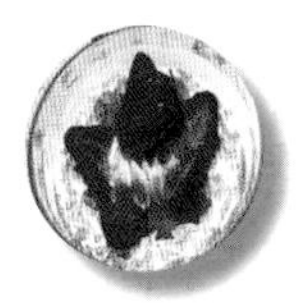

原味奶酪

15+3 MINS HRS

List of Food

1 吉利丁片	6g	4 白砂糖	3～4 大匙
2 牛奶	200ml	5 香草精	數滴
3 鮮奶油	200ml	6 水果	依個人口味

Cooking Time

奶酪（panna cotta），又叫義式布丁，是以吉利丁（gelatin）來凝結的一種鮮奶油甜點。我喜歡用片狀吉利丁勝過於粉狀吉利丁。通常粉狀的吉利丁需要先溶在熱水裡才能使用，不但麻煩，也會使甜點的濃度減低、口味變淡。

每個人喜歡的軟硬程度不同，一開始可以先試試每 100ml 的液體加 1.5g 左右的吉利丁片；不過若是要做可以脫模的果凍或奶酪就不能做得太軟。

以 1:1 的比例把牛奶和鮮奶油裝進小鍋裡慢慢加溫而不能煮沸；每 100ml 的液體可以加個 1 大匙左右的白砂糖，再加幾滴香草精攪拌均勻，就可以熄火。接著加進泡冷水軟化過的吉利丁片，溶化之後分裝進容器裡，放涼了之後進冰箱冰著，幾小時候就凝結成香濃的奶酪了。可以搭配各種新鮮水果做為點綴、也增添不同的口感和滋味。

1 吉利丁片可先泡冷水備用。

2 牛奶和鮮奶油裝進小鍋裡慢慢加溫而不能煮沸。加上白砂糖，再加幾滴香草精攪拌均勻，就可以熄火。

3 將泡水軟化過的吉利丁片瀝乾水分加入鍋裡拌勻，倒進杯子或模子裡放涼了之後進冰箱冰至少 3 小時。要吃原味或點綴上自己喜歡的水果均可。

藍莓奶酪

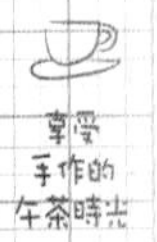

List of Food

藍莓果醬

1 細砂糖	2～4 大匙	4 果膠	視情況而定
2 檸檬汁	1、2 小匙	5 奶酪	隨意
3 藍莓	100g	（做法請參考 P121）	

Cooking Time

奶酪加上藍莓醬也算是很普遍的一種組合。不只是藍莓，若是要搭配其他果醬類一起吃的話，要考量果醬本身的甜度，在製作奶酪的時候就要斟酌一下糖的用量。

當然也可以使用自己煮的果醬，在甜度的調節上就更有彈性了。製作藍莓果醬若是沒有新鮮藍莓，用冷凍的也可以；撒上細砂糖和檸檬汁，在爐火上煮或是微波加熱都可以。不過藍莓煮過之後黏稠度很小，必要的話可以加些果膠（pectin）以利凝固。

1 將藍莓和細砂糖放進小鍋裡以小火煮，加入檸檬汁之後再煮到水分收乾；或將材料放進碗裡，以微波分數次加熱至濃稠即可。

2 若覺得不夠黏稠，再加些果膠使其凝固。

原味卡士達醬

List of Food

1 蛋黃	1 顆	4 牛奶	100ml
2 細砂糖	2 大匙	5 香草精	少許
3 低筋麵粉（或玉米粉）	1 大匙		

Cooking Time

小份量的卡士達醬做起來其實很輕鬆；拿來夾銅鑼燒、鯛魚燒或是做麵包、甜點都行。

一顆蛋黃加上約 2 大匙的細砂糖攪拌均勻，然後篩進 1 大匙的低筋麵粉或玉米粉，攪勻成為糊狀。100ml 溫熱過的牛奶加幾滴香草精，分次慢慢加進蛋黃糊裡，並持續攪拌至整體融合。把調好的蛋奶汁倒回熱牛奶的小鍋裡，邊攪拌邊以小火加熱，很快就會從鍋底開始凝固。這時可以把火轉得更小、並迅速攪拌，整體水分都收稠之後就是香濃卡士達醬了。

Cooking Note

1 將蛋黃和細砂糖攪拌均勻，然後篩進低筋麵粉攪勻成為糊狀。

2 將牛奶溫熱後加幾滴香草精，隨後分次慢慢加進蛋黃糊裡攪拌融合。

3 將充分融合的蛋奶汁倒回小鍋裡以小火加熱並不斷攪拌，直至整體水分都收稠、成為均勻的膏狀即可。

用不完的卡士達醬，可以用保鮮膜包好放入冷凍保存；回溫之後就能使用囉。

焦糖卡士達醬

10 MINS

List of Food

材料

1 蛋黃　1 顆
2 細砂糖　12 小匙
3 低筋麵粉（或玉米粉）　1 大匙

焦糖牛奶

1 白砂糖　2 大匙
2 牛奶　100ml

Cooking Time

只要把原味卡士達裡的牛奶先調成焦糖口味，就能做出焦糖卡士達醬。

一顆蛋黃加上約 1 ～ 2 小匙的白砂糖，拌勻後再篩進 1 大匙的低筋麵粉或玉米粉攪拌均勻。

在小鍋裡放進 2 大匙的白砂糖，開小火讓砂糖慢慢融化成液狀。之後糖漿的周圍會慢慢轉黃，等整體的糖顏色轉深、並開始冒出一點小泡泡的時候，再加進 100ml 牛奶，讓焦糖溶化在牛奶裡，成為溫熱的焦糖牛奶。

離火之後把焦糖牛奶慢慢加進蛋黃糊裡，持續攪拌直到整體融合後再倒回鍋裡，用小火加熱並不停攪拌直到出現凝結狀為止。這次我想做成淋醬，在鍋底開始感覺到些許凝結之後就可以離火。攪拌均勻、稍微放涼後，就是香甜而帶點微苦的焦糖卡士達醬了。

1. 將蛋黃和細砂糖攪拌均勻，然後篩進低筋麵粉攪勻成為糊狀。
2. 將白砂糖放進小鍋以小火慢慢融化成液狀，待顏色轉深並開始冒出一點小泡泡的時候就成焦糖，再慢慢加入牛奶充分混合後離火，分次加進蛋黃糊裡攪拌融合。
3. 倒回小鍋裡邊攪拌邊以小火加熱，感覺到鍋底的部份開始凝固之後就可離火，攪拌均勻即可。

焦糖烤布丁

享受手作的午茶時光

25 MINS

List of Food

1 細砂糖 （製作焦糖用）	1、2 大匙 （視模子底部大小而定）
2 蛋	1 顆
3 細砂糖	1 大匙
4 牛奶	150ml
5 香草精	少許

Cooking Time

真材實料的熱烤布丁，充滿了蛋奶和焦糖香。沒有布丁模和大烤箱，我用的是瓷器烤模和小烤箱，照樣能烤出滑嫩的布丁。一般的一個布丁模約需 1 大匙砂糖煮成的焦糖，把砂糖放進小鍋裡用小火加熱，讓糖融化成糖漿、慢慢轉黃，開始冒出小泡泡的時候加進 1 大匙熱水，調勻之後就可以把焦糖漿倒進模子底了。

通常一個蛋可以做成兩個以上的布丁；我的一個模子就用了一個蛋。把蛋打散，加進 1 大匙細砂糖攪勻；另外準備 150ml 的牛奶加幾滴香草精，加溫後慢慢倒進打散的蛋裡，邊持續攪拌。過濾兩次左右，把蛋渣濾掉，做出來的布丁才夠柔滑。

蛋汁倒進裝了焦糖漿的模子裡，把模子再放進另一個略有深度的烤盤裡，加進熱水、淹至布丁模的一半高，放進小烤箱裡烤個 10 ～ 15 分鐘。若是使用大烤箱，要預熱至 180℃，兩顆蛋的份量做正常大小的五個布丁，大約要烤 25 分鐘。另外因為布丁是隔水烤，使用大烤箱的時候開門要特別注意別被冒出的水蒸汽燙到。

小烤箱烤的布丁表層因為接近熱源、會有一層比較硬的殼，直接撕掉即可，反正倒扣之後是看不到的。

Cooking Note

1 將砂糖放進小鍋裡用小火加熱，讓糖融化成糖漿、慢慢轉黃，開始冒出小泡泡的時候加進 1 大匙熱水攪勻成焦糖漿，倒進模子底部。

2 把蛋打散、加進細砂糖拌勻。牛奶加幾滴香草精，溫熱後慢慢倒進打散的蛋裡邊持續攪拌。過濾兩次、把蛋渣濾掉。

3 蛋汁倒進裝了焦糖漿的模子裡，把模子再放進另一個略有深度的烤盤裡，加進熱水、淹至布丁模的一半高，放進小烤箱裡烤 10 ～ 15 分鐘。

簡易鮮奶油草莓蛋糕

5 MINS

List of Food

1 蛋糕　任意
2 鮮奶油　3 大匙
3 白砂糖　1 小匙
4 醋或果醬　約 1 小匙
5 草莓　數顆

Cooking Time

可以用來處理剩下的蛋糕時用的方法。不管是海綿蛋糕還是起司蛋糕，都可以切塊丟進碗裡；擠上一些打發的鮮奶油，加上幾顆草莓就行了。或是採用由提拉米蘇得來的靈感，直接淋上攪拌混合過的乳酪糊，再隨意丟幾顆草莓或其他莓果類，不必特意裝飾、剩下的蛋糕碎塊也能變得很可愛。

Cooking Note

1 將鮮奶油加上白砂糖和醋（或果醬）用打蛋器攪拌打發。

2 蛋糕切塊丟進碗裡，擠上一些打發的鮮奶油，加上幾顆草莓即完成。

Point 加上醋或果醬可以讓鮮奶油更快打發、風味也更加清爽。醋可選用白醋或果醋；果醬口味不拘，家裡原本有什麼就用什麼。

黑糖核桃麻糬

10 MINS

List of Food

麻糬

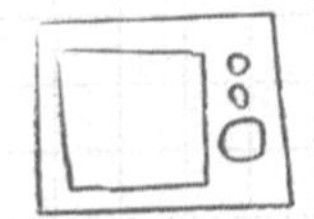

1 糯米粉	60g	4 醬油	1 小匙
2 黑糖 + 二砂	45g	5 黃豆粉	適量
3 冷水	95ml	6 核桃	約 40g

二砂是粗練的砂糖，呈黃褐色。它的精練度比白糖低，也因此保留了較多甘蔗原本的風味，常用在加熱烹調的調味上。台灣式的甜湯和刨冰的糖漿也多半是使用二砂。

Cooking Time

主材料是糯米粉或日本的白玉粉，以微波爐加熱，就能輕鬆做出 Q 軟的麻糬。先用小烤箱把核桃烤香，或是以不加油的平底鍋乾烤一下，略微切碎備用。

60g 糯米粉加上共約 45g 的黑糖和二砂，比例可以依自己喜好調配，拌勻之後慢慢加進約 95ml 的冷水邊攪散成均勻的糯米漿，再加上 1 小匙醬油提味。

以耐熱微波容器加熱糯米漿，加熱時可以蓋上蓋子或保鮮膜；加熱大概 1 分鐘之後取出，用沾過水的刮刀或飯匙攪拌過後再微波 1 分鐘，取出攪拌後再微波約 20 秒，攪拌後成為光滑的一團即可。

趁熱把切碎的核桃加進麻糬裡拌勻，倒在鋪平的黃豆粉上攤開，表面也拍上一些黃豆粉防沾黏、也增加香味。待稍微冷卻之後用菜刀切成十六等分即可；切口記得也要撒上黃豆粉。

我喜歡把多餘的黃豆粉拍掉之後一個個用保鮮膜包好，便於保存和攜帶，還可以裝盒送人。

1 用小烤箱把核桃烤香備用。另將糯米粉、黑糖、二砂拌勻之後慢慢加進冷水，攪散成均勻的糯米漿後，再加上 1 小匙醬油提味。

2 將糯米漿放入耐熱微波容器加熱 1 分鐘，取出後攪拌再微波 1 分鐘，再取出攪拌最後微波約 20 秒，攪拌成光滑的麻糬團。

3 趁熱把切碎的核桃加進麻糬裡拌勻，倒在鋪平的黃豆粉上攤開沾勻，待涼後切成適當大小即可。

豆沙草莓 QQ 大福

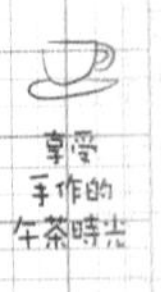

10
MINS

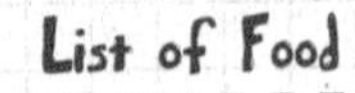

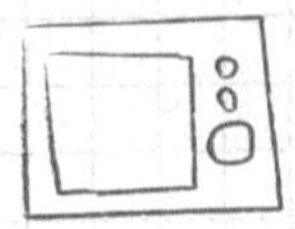

求肥皮

1 糯米粉	60g
2 白砂糖	90g
3 冷水	120ml
4 太白粉	適量

內餡

豆沙	約 6 大匙
草莓或其他水果	6 顆

Point 日式的太白粉為熟粉，不經加熱也可食用；若買不到熟粉，也可將普通的太白粉略微炒過、或以微波爐稍微加熱之後使用。

Cooking Time

大福是日式甜點的一種，通常包的豆沙餡之多，跟薄薄的麻糬皮根本就不成比例。我雖然不怎麼喜歡豆沙餡，卻很喜歡軟 QQ 的外皮。這是一種名叫「求肥」的日本麻糬，並不是因為它求肥得肥，而是古早時候用糙米來做，看起來黑黑黃黃的，把它叫做「牛皮」，後來才改成跟牛皮日文同音的求肥。

60g 的糯米粉或日本白玉粉慢慢加進 120ml 冷水，邊加邊攪散成為均勻的糯米漿；再加上約 90g 的白砂糖拌勻。糖量看起來雖多，不過並不至於太甜；而且如果減糖的話有可能導致求肥放了會變硬。

用耐熱容器鬆鬆地蓋上保鮮膜，以微波爐加熱糯米漿。先加熱 1 分鐘之後取出，用沾過水的刮刀或飯匙攪拌均勻，再重複加熱 30 ～ 40 秒、攪拌，加熱、攪拌，這樣重複個 3 ～ 4 次，就能攪成半透明有光澤且形狀完整的一團。

攤開一大張烹調用紙，鋪上防沾黏的太白粉或玉米粉，把求肥倒上去，表面也鋪點粉，趁熱用手推開攤平。切成適當的大小，趁熱包上豆沙餡或是其他內餡，把求肥皮的收口朝下放著，不一會兒就會定型了。

1. 將糯米粉慢慢混入冷水攪拌成糯米漿後，再加上白砂糖拌勻。

2. 以微波爐加熱糯米漿，加熱 1 分鐘之後取出，用沾過水的刮刀或飯匙攪拌均勻，再放入加熱 30 ～ 40 秒、重複 3 ～ 4 次攪拌、加熱、攪拌的動作即可成半透明有光澤且形狀完整的一團。

3. 糯米團撒上防沾黏的太白粉，用手推開攤平，切成約 6 張求肥皮，趁熱包裹內餡、收好口即可。

圓滾滾的雪梅娘

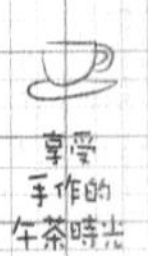

10
MINS

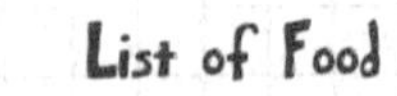

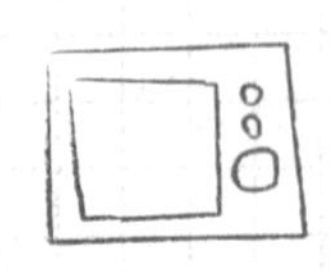

求肥皮

1 糯米粉	60g
2 白砂糖	90g
3 冷水	120ml
4 太白粉	適量

內餡

1 海綿蛋糕	4 小片
2 草莓	4 顆
3 加糖打發的鮮奶油	約 100ml

打發至體積變為 2、3 倍
（鮮奶油打法可參考 P131）

Cooking Time

一樣是用求肥皮來做，不過最好是等皮完全冷卻之後再包。若想做得大顆一點，皮就要切得大張一點。

內餡部份要切薄片的海綿蛋糕、草莓，以及加糖打發的鮮奶油。可以準備一個圓底的碗，鋪上求肥皮、做出一個凹槽；擠上一些鮮奶油，放進一個草莓，再擠上更多鮮奶油把草莓包圍住。蓋上一片海綿蛋糕，把求肥皮的四角摺回來包裹住蛋糕，倒扣出來就是圓滾滾的雪莓娘了。

Cooking Note

1 將求肥皮（做法請參考 P135）切成四大片。準備一個圓底的碗，鋪上求肥皮、做出一個凹槽。

2 擠上一些鮮奶油，放進一個草莓，再擠上更多鮮奶油把草莓包圍住。

3 蓋上一片海綿蛋糕，把求肥皮的四角摺回來包裹住蛋糕，倒扣即完成。

我不想放太多鮮奶油，所以做得很小顆；但還是要注意草莓的周圍都要裹到鮮奶油，以免求肥皮受潮而變得糊爛。

焗烤吐司

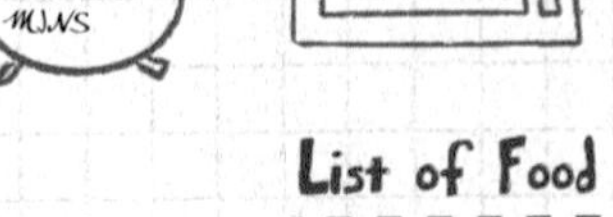

List of Food

1 厚片吐司	1 片
2 乳酪絲	3～4 大匙
3 白醬（做法參考 P69）	4～6 大匙
4 餡料或調味料	適量

Cooking Time

跟做英式吐司奶油布丁時一樣是把吐司放在焗烤容器裡，這次乾脆就真的把它做成焗烤。在容器裡填上一層白醬，放一些自己喜歡的餡料；排上對角切成四等分的去皮厚片吐司，撒上些乳酪絲，烤到乳酪和麵包都出現金黃的脆皮即可。

不只是焗飯、焗麵，其實焗麵包也不錯喔。

Cooking Note

1 在焗烤用容器裡填上一層白醬，放一些自己喜歡的餡料和調味料。

2 吐司去皮、對角切成四等分，放進焗烤盤裡，撒上些乳酪絲，烤到乳酪和麵包都出現金黃的脆皮即可。

自製的白醬如果沒有調味，可以事先加上一些雞湯粉或鹽；另外可視喜好加上雞肉、火腿、蘑菇、玉米等餡料。

豪華蜜糖吐司

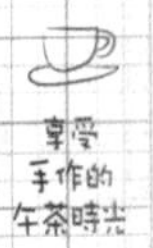

List of Food

1 厚片吐司	2 片
2 奶油	2 大匙
3 細砂糖	1～2 大匙
4 巧克力醬或卡士達醬	2～3 大匙
5 水果或冰淇淋	隨意

Cooking Time

我當然不會為了做蜜糖吐司而特別去買整條的吐司來切；只要疊上兩片厚片吐司，一樣可以達到這種效果。

將兩片吐司的中間挖空。二樓基本上只留了牆壁，用來圈住裡面的餡料；可在牆壁的內側塗上奶油去烤。至於挖出來的裡子就切條或塊，抹上奶油、撒上細砂糖，烤好後再一塊塊拼回一樓的牆壁裡面。

在二樓填上巧克力醬或是卡士達醬，鋪上水果或冰淇淋，再用鮮奶油或卡士達裝飾裝飾，豪華的兩層樓蜜糖吐司就蓋好啦。

1 將兩片吐司的中間挖空，在外殼的內側塗上奶油，放進小烤箱烘烤一下。

2 挖出來的中心部份可切成條或塊狀，抹上奶油、撒上細砂糖，烤成金黃香酥後再一塊塊拼回第一層烤好的吐司外殼裡。

3 疊上第二層吐司外殼，填上巧克力醬或是卡士達醬，鋪上水果或冰淇淋，以鮮奶油或卡士達裝飾即完成。

一個人吃的時候，挖出來的吐司中心部份可以只使用其中一片，另一片留著做法式吐司或焗烤吐司或其他菜色，也可冷凍保存。

單身快樂的幸福廚房

在國外前前後後加起來也有七年多。住過學生宿舍，也住過自己租賃的小套房。除了曾有一年是五個人共用一間廚房外，其餘都是在自己房裡一角的小小廚房。

兩年多前才第一次住進一個有瓦斯爐的地方，在那之前則是使用傳統式的電爐；就連電爐都用過兩三種，還有那種長得像蚊香似的螺旋形電爐，通電的時候就跟燒熱的鐵條一樣會發紅。當時就靠著那一口捲捲電爐和一台石英管小烤箱，照樣煮得不亦樂乎。

曾經在部落格上貼過我的小廚房照片。儘管那不是我用過最小的一個，卻已經讓大家頻頻呼救、外加拿陋室銘來歌詠它。有個朋友看過之後說，果然廚房大小並沒有關係，重點是在於我那分「無比堅強的愛煮」。

若說廚房是一個城，自己就是城主。在廚房裡，自己最大！鍋碗瓢盆看你調派，柴米油鹽聽你吩咐，雞鴨魚肉任你宰割，酸甜苦辣隨你高興。按照自己的喜好來選擇食材和烹調方式，依照自己的口味調整食物的鹹淡和風味。做出自己專屬的美食，品嚐屬於自己的幸福滋味。

香蔥烤雞

20 MINS

List of Food

1 去骨雞腿肉　　1 片
2 香蔥醬　　　　約 2 大匙

Cooking Time

將一片去骨的雞腿肉，上下兩面各鋪上一層香蔥醬，放在揉皺的鋁箔紙上進小烤箱，只需烤個 12 ～ 15 分鐘，就可以等著噴香的香蔥烤雞出爐了。

除了中途可以在雞肉上加蓋鋁箔紙防焦之外，也可以一開始就只選用蔥白來做香蔥醬。蔥白的部份含水分較多，就不會像蔥綠部份那麼容易烤焦。

在烤的過程中原本雞肉就會出很多湯汁，再加上蔥香、麻油香，留著拌飯再合適不過了。

Cooking Note

1 香蔥醬做法可參考 P27。

2 將去骨的雞腿肉上下兩面各鋪上一層在香蔥醬。

3 放在揉皺的鋁箔紙上進小烤箱烤個 12 ～ 15 分鐘即完成。

要是在意雞汁上面的油脂，可以先盛裝在小碗裡；等涼了或是冰過之後就能輕易把上層的浮油去除，僅留下鮮美的香蔥雞汁。

義式燉飯佐海鮮

List of Food

燉飯

1 高湯	3 米杯
2 米	1 米杯
3 洋蔥	1/4 顆
4 香草類或起司粉	少許

配料

1 大蝦子	1 隻
2 番茄	半顆
3 干貝	1 個

Cooking Time

燉飯（risotto）和其他加味飯一樣是米飯加上高湯去煮的；不同的是在煮的過程中需要持續攪拌，才能煮出一鍋子黏糊卻仍帶咬勁的米飯。煮的時候選用稍有深度的鍋子，加湯和攪拌的時候才不會綁手綁腳的。

高湯的種類很自由，看你要煮什麼口味而定；配料也從海鮮、肉類到各種蔬菜均可，加酒、加乳酪也都不錯。

不變的是要先用奶油或橄欖油炒些洋蔥末或蒜末，再把米粒加進去一起拌炒，讓米粒都能裹上一層油脂；接著再一勺、一勺加入熱的高湯，每加一勺就要攪拌攪拌鍋裡的米，等一勺湯汁完全吸收後再加下一勺。整體來說高湯約需米的三倍量。

起鍋前記得試試味道，再加些香草類或起司粉；如果真的吃不慣略帶米芯的口感，偷蓋個鍋蓋燜一下也不會怎樣。煮好的燉飯可以單吃，也可以當成是一道主菜的搭配。

Cooking Note

1. 以奶油或橄欖油炒洋蔥末，再把米粒加進去一起拌炒；接著再一勺、一勺加入熱的高湯，每加一勺就要攪拌攪拌鍋裡的米。
2. 等鍋裡的米吸收完所有的高湯，試試味道調節鹹淡，再加些香草類或起司粉即可。
3. 配料的海鮮可用大蒜煎過，只需要一點鹽調味，帶出海鮮本身的甜味。

洋蔥末要炒得透、炒得香，但千萬不能燒焦。可在鍋裡的油尚冷的時候就加入洋蔥末，並撒一點點鹽，讓洋蔥出水防止燒焦，也能更快炒到理想的狀態。

茄汁燉飯

30 MINS

List of Food

茄汁燉飯

1 高湯	3 米杯	5 罐頭番茄或番茄糊	視情況而定
2 米	1 米杯	6 白酒	1、2 大匙
3 洋蔥	1/4 顆	7 香草類	適量
4 番茄	1 大顆	8 起司粉	1、2 大匙

Cooking Time

茄汁燉飯製作程序和普通的燉飯相同（做法請參考P147），只是多了番茄、以及搭配番茄的一些配料，像是白酒、香草類和乳酪；高湯則以蔬菜或雞高湯為佳。

若是使用新鮮番茄，最好能先汆燙過、去皮去籽，再切塊；不過台灣的番茄品種或許不夠紅、味道也不夠濃郁，使用罐頭番茄或是添些番茄泥、番茄糊來加味比較好。

1 將新鮮番茄汆燙去皮去籽切塊備用；也可使用罐頭番茄丁。

2 洋蔥末以奶油或橄欖油炒過，放進米粒一起拌炒後加上番茄，以白酒帶出香氣。

3 將熱的高湯一勺、一勺加入，每加一勺就要攪拌攪拌鍋裡的米，讓米吸收所有的高湯。起鍋前記得調味、並加上香草類或起司粉即可。

適合搭配番茄的香草可參考香料共和國（P18）

蘑菇燉飯

30 MINS

List of Food

蘑菇燉飯

1 蘑菇	5～6 顆	4 米	1 米杯
2 洋蔥	1/4 顆	5 高湯	3 米杯
3 白酒	1 大匙		

Cooking Time

改用蘑菇以外的其他菇類也行，每種不同的菇類各有各的鮮美；唯一要注意的是有些菇類加熱過後會流出黑色的湯汁，會影響到燉飯整體的成色。

我習慣在炒過洋蔥之後就把切好或剝好的菇類加進去，一起炒過、加點白酒增加香氣，之後再把米也加進去拌炒。接著就還是加高湯和攪拌的無限重複。

食用菇類通常沒有太鮮豔的色澤，所以菇類燉飯單吃的時候視覺上難免稍嫌單調，可以加些點綴，或事先留些菇起來不一起燉煮，稍微煎過之後排在燉飯上，也能增添些視覺變化。

Cooking Note

1 將蘑菇切成片，預留一些點綴用蘑菇，可另外加點鹽、白酒煎過備用。

2 用奶油或橄欖油炒洋蔥末及蘑菇，加上白酒帶出香氣，再將米粒加進去一起拌炒。

3 一勺、一勺加入熱的高湯，每加一勺就要攪拌攪拌鍋裡的米。等米吸收完所有高湯後試試味道、調整鹹淡，起鍋後以煎過的蘑菇點綴即可。

沖繩風味 Taco Rice

List of Food

1 白飯	1 碗	5 番茄	少許
2 萵苣	數片	6 乳酪絲	1～2 大匙
3 墨西哥辣肉醬	5～6 大匙	7 玉米片	4～5 片
4 莎莎醬	適量		

Cooking Time

沖繩這個地方因為曾受美國統治，且至今仍有美軍駐紮，在飲食上自然也多受美國文化影響。這道綜合了 taco 和米飯的 taco rice 就是沖繩自產的美式菜色。

一般來說是在白飯上鋪一層萵苣，然後再堆上 taco 風味的肉醬，佐以番茄、乳酪等配料，也可以再撒上一些玉米片做點綴。

我直接把墨西哥辣肉醬拿來做這道 taco rice，搭上些莎莎醬也不錯。熱騰騰的飯配上清脆的生菜和香辣的肉醬，伴著番茄的酸甜以及乳酪的濃郁，又是一種全新的感受。

Cooking Note

1 在白飯上鋪一層撕碎的萵苣，加上墨西哥辣肉醬（做法請參考 P107）。

2 加上切丁的番茄、乳酪絲，淋上莎莎醬，再撒上一些玉米片做點綴即可。

砂糖脆餅

40 MINS

List of Food

1 薄片吐司	2 片
2 奶油	2 小匙
3 白砂糖	1～2 大匙

Cooking Time

在我感覺，這是道很古早味的點心。比照做吐司脆片的方法，只是要事先在薄片吐司上塗一層薄薄的奶油，再撒上細白砂糖；抖掉多餘的糖之後就可以進低溫烤箱了，時間上比吐司薄片稍長一些。

如果有餅乾模子，也可以先把吐司切割成各種不同形狀；或是利用現成的杯子、蓋子來做個拙拙的圓餅乾也行。

1 吐司切成喜歡的形狀，塗一層薄薄的奶油，再撒滿細白砂糖，放入烤箱中。

2 不能調節溫度的小烤箱，可以在烤箱加熱後把電源關掉，讓吐司在餘溫中乾燥，大約重複 4 ～ 6 次可以達到讓吐司鬆鬆脆脆的效果。

若是家裡有大烤箱，那麼溫度上可以設定在約 100 ～ 110℃，烘烤個 35 分鐘左右，視情況增減。

經典蜜糖吐司

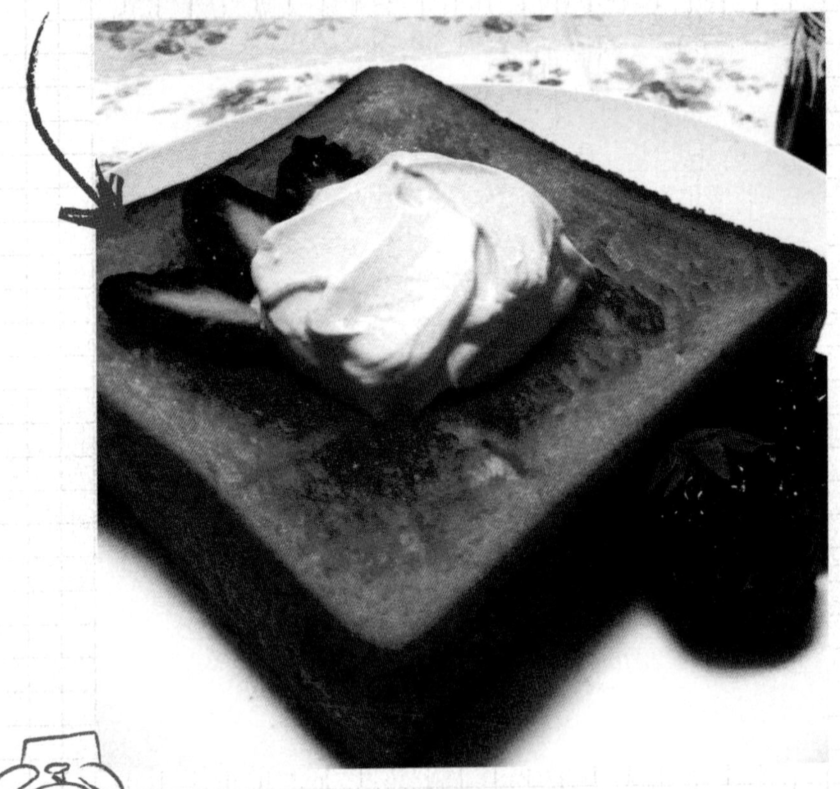

20
MINS

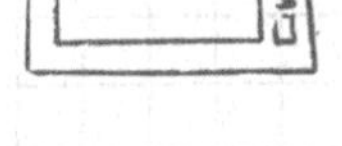

List of Food

蜜糖吐司

1 厚片吐司　1 片
2 奶油　1 ～ 2 小匙
3 細砂糖　1 ～ 2 小匙

配料

1 水果　隨意
2 冰淇淋　隨意
3 楓糖漿　1 ～ 2 大匙

Cooking Time

走在街上，看見午茶咖啡館櫥窗中擺放的蜜糖吐司，一個個既華麗又有份量；不過我看著卻老是覺得挺有壓迫感的。

自己一個人的時候就用厚片吐司來個單人份的甜蜜吧。要不要把吐司裡子挖出來也很隨意，總之塗上奶油撒上細砂糖烤到金黃香酥就是。加上一點自己喜歡的水果或冰淇淋，就是屬於自己的幸福時光。

Cooking Note

1 將厚片吐司塗上奶油撒上細砂糖烤到金黃香酥。

2 加上一點自己喜歡的水果或冰淇淋，也可淋上一些楓糖漿。

厚片吐司可事先劃上刀痕，吃起來更方便。

提拉米蘇風蛋糕聖代

10 MINS

List of Food

1 海綿蛋糕	1 小塊	5 糖	1 小匙
2 即溶咖啡	1 小匙	6 乳酪 (mascarpone 或 cream cheese)	2～3 大匙
3 熱水	3 大匙	7 無糖可可粉	適量
4 鮮奶油	2 大匙		

Cooking Time

這是利用剩下的一點海綿蛋糕做成的，只需隨意地把材料堆進可愛的杯子裡即可。海綿蛋糕切成小塊備用；沒有濃縮咖啡、就用泡得很濃的即溶咖啡，加不加酒類都可以。讓蛋糕吸收一些咖啡，放進杯子底部。

如果有標準材料馬司卡朋（mascarpone）乳酪當然最好；沒有的時候用就用乳脂乳酪（cream cheese）代替。有鮮奶油的話，可以加點糖打發，跟乳酪混合；或是在乳酪裡加一點牛奶和糖、攪拌成較輕柔的糊狀也還行得通。把乳酪糊淋在海綿蛋糕上，撒上無糖可可粉，也可以用一點巧克力屑裝飾。只要一支小湯匙，就可以準備開動了。

1 即溶咖啡加上熱水調勻。將蛋糕切成小塊，充分吸收咖啡後放進杯子底部。

2 鮮奶油加上糖稍微打發，與乳酪混合，淋在海綿蛋糕上。

3 撒上無糖可可粉，也可加上巧克力碎片點綴。

★一般的提拉米蘇多半是在大型容器裡鋪上浸泡了濃縮咖啡和蘭姆酒的手指餅乾（ladyfinger），加上一層與打發的蛋和鮮奶油混合的馬司卡朋乳酪，上面再鋪一層同樣方式處理過的手指餅乾和乳酪。待整體冷卻定型後撒上無糖可可粉，切開或挖取到盤子上食用。

★將乳酪和鮮奶油直接換成一球香草冰淇淋，就能做成風味獨具的提拉米蘇聖代。

古早味家常料理

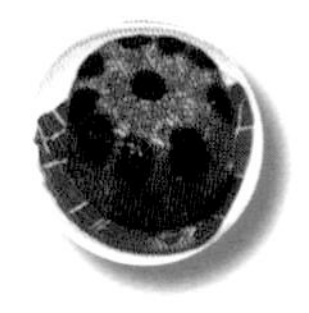

在日本這段時間發現到：日本人真會養牛。

所謂「和牛」，除了是特定的某些品種之外，還得花上大把工夫去照顧，因此價格也不可能友善到哪裡去；不過看到那些紅白相間、均勻分布的霜降油花，就不難想像會有多美味了。

超市賣的牛肉包裝上倒不見得會註明肉份的部位，而比較常以用途來分類。有專門用來烤的肉，用來煮涮涮鍋的肉；用來燉的肉，用來做咖哩的肉；用來煎牛排的肉，用來煮壽喜燒的肉。尤其是壽喜燒用的和牛，永遠都貴到無以復加，長得簡直就像條紅白花紋的大手帕。要問好不好吃，當然是可口無比；但是就算嘴裡吃著日本的甜美牛肉，有時還是會忍不住想起台灣的香辣牛肉麵。

所以若按我的分類法，烤肉是可以用來當肉絲快炒的肉，涮涮肉是可以用來煮沙茶火鍋的肉；燉肉是可以拿來滷的肉，而咖哩肉則是可以拿來燉湯兼紅燒的肉。不管和牛再怎麼好、心裡想的還是家裡的味道。對於隻身出門在外的人來說，家鄉的古早味，總是會令人特別想念。

麻婆豆腐蓋飯

List of Food

調味料A

花椒	10 顆左右
乾辣椒	1、2 根

調味料B

醬油	1 大匙
酒	1 大匙
甜麵醬	1 大匙

調味料C

蒜末	1 小匙
辣豆瓣醬	1 大匙
豆豉醬	隨意

材料

豆腐	1 塊
豬絞肉	20 ～ 30g
水	適量

Cooking Time

香辣夠味的麻婆，當然就要搭配熱騰騰的白飯。做麻婆常用的是花椒、甜麵醬和辣豆瓣醬；乾辣椒、蒜末或是蔥、薑、生辣椒等都能用來爆香，可以看自己的庫存來決定。若是沒有甜麵醬的話可以試試用醬油和糖來取代。

先燒一小鍋熱水，把切塊的豆腐放進去燙過，可以讓豆腐較易吸收湯汁，也比較不容易碎裂。等水再度沸騰起來之後就可離火，蓋上鍋蓋讓豆腐泡在熱水裡浸著。

另起一個鍋放進一點油，加上花椒粒和乾辣椒以小火加熱，飄出香味之後略炒一下。之後可以把花椒粒和辣椒夾出，一方面是這樣才不會吃到渣，也可以防止炒太久會變苦。

用已經有香味的油來炒豬絞肉，差不多八分熟之後加進醬油、酒和甜麵醬各 1 大匙一起炒，炒到絞肉上色、油變透明之後，把絞肉推到鍋邊。在鍋子的空位加進 1 小匙蒜末和 1 大匙辣豆瓣醬，也可以再加一些豆豉醬，炒香之後跟絞肉拌炒一下，加上適量的水煮開。

豆腐瀝乾，放進鍋裡以小火燉煮 5 ～ 10 分鐘；攪拌的時候盡量繞著鍋邊來拌，就可以維持豆腐的完整。起鍋前試一下味道看看是否需要再調味。醬汁如果比較稀的話也可以勾個芡，盛到白飯上，準可以吃上一大碗公～

Cooking Note

1 豆腐切塊，放進一小鍋滾水之後熄火浸泡著。在平底鍋放入一點油，加上調味料 A 以小火加熱飄香後撈起；用鍋裡的油續炒豬絞肉，八分熟之後加進調味料 B 一起炒至上色。

2 將絞肉推到鍋邊。在鍋子的空位加進調味料 C 炒香之後與絞肉拌炒，加水煮開。

3 豆腐瀝乾，放進平底鍋裡，以小火燉煮 5 ～ 10 分鐘，視情況調整鹹淡或勾芡即可起鍋。

香菇釀肉

List of Food

材料

1 香菇　4 朵
2 豬絞肉　80g

調味料

1 薑末　1 小匙
2 鹽　1 小捏
3 糖　1 小匙
4 醬油　1/2 大匙
5 酒　1 小匙
6 白胡椒粉　少許
7 太白粉　2 小匙
8 麻油　少許

Cooking Time

香菇加上絞肉，能做的變化其實也很多。如果想做得鮮美一點，可以用帶點肥肉的豬絞肉；若是想少吃點脂肪，可以買雞柳或雞胸肉刮成絞肉來用。

除了乾煎之外，也可以紅燒、煮湯或是清蒸。如果想做口感紮實、可以煮湯的肉丸，最好在加調味料之前先搓揉拍打過，讓絞肉帶點黏性和彈性。用塑膠袋來處理絞肉很方便，加點薑末、鹽、糖、醬油、酒、白胡椒粉，隔著袋子搓揉均勻。再加點太白粉，讓肉餡順利黏合、且能保持口感柔滑溼潤。

新鮮香菇去梗，最好拍上一些太白粉或麵粉以幫助肉餡黏合；可以直接把塑膠袋剪開一個洞、將肉餡擠到香菇上，用湯匙背(凸面)或是餐刀把肉餡抹平壓緊變成均勻的丸子狀。平底鍋裡熱一點油，先煎絞肉這面、再煎香菇那面。加點水，蓋鍋蓋、火稍微轉小一點，把肉丸子燜熟。水分蒸發之後再開鍋，加點麻油、翻面大火快煎一下；四周也可以再煎過一圈，就更具焦香口感了。

1 絞肉裝進塑膠袋裡，加進薑末、鹽、糖、醬油、酒、白胡椒粉，隔著袋子搓揉均勻。再加進太白粉揉勻。

2 新鮮香菇去梗，拍上一些太白粉或麵粉；直接把塑膠袋剪開一個洞、將肉餡擠到香菇上，再以湯匙或餐刀抹平壓緊。

3 平底鍋加一點油，下鍋時先煎絞肉這面；翻面之後加點水，蓋鍋蓋、轉小火把肉丸燜熟。水分蒸發之後再加點麻油，翻面大火快煎一下即可。

若不用塑膠袋的話，也可用湯匙或是其他工具來挖肉餡。若是用湯匙的話可以準備兩支，一支挖肉餡、一支把肉餡推到香菇上。可以事先在湯匙上抹點油防沾黏。

香烤肋排

20 MINS

List of Food

材料

1 豬肋排　　4 塊

調味料

1 洋蔥泥　　1 大匙
2 白砂糖　　1 大匙
3 醬油　　1 大匙

Cooking Time

這道豬肋排是以洋蔥泥做為調味的基底，不但可以增添甜味和香氣，也有軟化肉質的功能。

把豬肋排裝進塑膠袋，先加 1 大匙白砂糖，均勻搓在豬肋排上；再加上 1 大匙的洋蔥泥，一樣搓到豬肋排上。最後加進 1 大匙的醬油搓一下，差不多就完成醃漬的部份了。

醃好的豬肋排放在揉皺的鋁箔紙上，也把醃料淋在肉上，進小烤箱烤，中途最好翻個面，大約 15 分鐘即可。滴在鋁箔紙上的醃料會先烤焦，且因為含糖的關係，有可能炭化、膨脹，變成一個個黑泡泡，不過只要它不影響到豬肋排本身就無所謂了。

Cooking Note

1 把豬肋排裝進塑膠袋，先放入白砂糖再來是洋蔥泥、醬油，依序把調味料分別搓在豬肋上。

2 將豬肋排取出放在揉皺的鋁箔紙上，也把醃料淋在肉上，進小烤箱烤，中途翻個面，大約 15 分鐘即完成。

豆芽蒸肉片

10 MINS

List of Food

材料

1 豆芽　　1大把
2 金針菇　1小把
3 豬肉片　100g

調味料

1 鹽　　　　　　少許
2 米酒或料理酒　1小匙

Cooking Time

豆芽蒸肉片不必使用熱水鍋來「蒸」；只要把材料都放進砂鍋裡加熱即可。

砂鍋底可以加上少許的水，鋪上大把的豆芽菜，另外我還放了些金針菇；鋪上薄切豬肉片，撒上少許的鹽，也可以加一點米酒。蓋好鍋蓋，加熱後燜至整體熟透即可。

豆芽菜還可以改成白菜或是高麗菜，都能蒸出蔬菜和豬肉原來的好滋味。

Cooking Note

1 砂鍋底加上少許的水，鋪上大把的豆芽菜、金針菇。

2 鋪上薄切豬肉片，撒上鹽和米酒。

3 蓋好鍋蓋，加熱後燜 5 分鐘左右、確定整體熟透即可。

蒸雞 + 海南雞風味飯

20 MINS

List of Food

材料

1 去骨雞腿肉　1片
2 蔥　1～2棵

調味料

1 鹽　約1/2小匙
2 薑末　1小匙
3 米酒　1～2大匙

Cooking Time

極為簡單、卻也鮮美的一道菜。

一片去骨雞腿肉，兩面各抹上一撮鹽，再加上 1 小匙薑末；用一個略帶深度的盤子，放上一兩棵蔥，鋪上雞腿肉，淋上 1、2 大匙米酒，就可以進蒸鍋，大火蒸個 15 分左右。

起鍋後等雞肉稍微不那麼燙了再切成喜歡的大小，搭配辣醬或是其他的沾醬一起上桌。

1 將去骨雞腿肉兩面抹上鹽和薑末。

2 在略帶深度的盤子裡放上蔥、鋪上雞腿肉，淋上米酒，進蒸鍋以大火蒸 15 分左右即可。

★利用蒸雞時出的雞油、雞汁來煮飯的話當然更好；不過直接拿雞汁來拌飯就已經美味得不得了了。蒸雞出的雞汁裡難免會有蔥渣薑末的，要趁熱過濾之後備用，否則稍微放涼的話富含膠質的雞汁就會結成凍。

★拌好雞汁的飯和青菜、蒸雞、沾料一起擺盤；按照先前北平烤雞的理論，這道就是吃海南雞飯「氣氛」的！

油雞

2+30
HRS MINS

List of Food

材料

1 去骨雞腿肉　1 片
2 雞翅　4 隻

配料

1 泡菜　隨意
（做法可參考 P73）

調味料

1 薑末　1 大匙
2 糖　1 大匙
3 米酒　2 大匙
4 醬油　8 大匙
5 白胡椒粉　少許
6 花椒　少許
7 蔥　1～2 棵

Cooking Time

如果有可以剁雞的大刀，其實用帶骨的腿肉比較好；不過我沒有刀、也沒有那個魄力，就用去骨雞腿肉和雞翅膀也不錯。

雞肉放進大塑膠袋裡，用 1 大匙薑末、1 大匙糖、2 大匙米酒、8 大匙醬油，再加上少許白胡椒粉、花椒、蔥來醃；放進冰箱，大約冰個 2 小時。

中途可以把袋子翻個面來放，讓所有雞肉都能浸泡到醃料。醃好的雞取出，和醃料一起放進有深度的大盤裡，放進鍋裡、大火蒸個 20 分鐘左右。蒸好後用筷子戳一下，不會冒血水的話就差不多了。取出裝雞肉的盤子放涼；可以趁熱先濾掉湯汁裡的薑末花椒粒，另外裝好備用，可沾食、可拌飯，用處多多。湯汁放涼後也和蒸雞的雞汁一樣會結成凍，稍稍加熱即可恢復液狀。

Cooking Note

1. 雞腿肉和雞翅放進大塑膠袋裡，加入薑末、糖、米酒、醬油，再加上白胡椒粉、花椒和蔥，放進冰箱醃 2 小時。

2. 醃好的雞取出，和醃料一起放進有深度的大盤裡，放進蒸鍋，以大火蒸 20 分鐘左右。

3. 取出裝雞肉的盤子，趁熱濾掉湯汁裡的薑末花椒粒。雞肉冷卻後再切片，配上湯汁一起上桌。

這道油雞適合涼著吃，可以稍微冰過之後再取出、切片；除了湯汁可以做為沾醬之外，也可以準備一些加鹽的蔥油來搭配。

香菇油飯

1+30 HRS MINS

or

List of Food

材料

1 糯米	1 米杯
2 乾香菇	2 ～ 3 朵
3 蝦米	1、2 大匙
4 蔥頭酥	1 大匙
5 豬肉	約 50g

調味料

1 麻油	1 ～ 2 大匙
2 水	108ml
3 醬油	1 大匙
4 糖	1 小匙
5 白胡椒粉	少許

Cooking Time

用糯米加上炒香的配料，就能煮出一鍋令人懷念的滋味。

雖然鹹食多半使用長糯米，不過用圓糯米代替也無妨；圓糯米口感較軟，水量上可斟酌減少一些以保留咬勁。一般煮糯米的時候，米和水的份量約為 1：0.6 ～ 0.8；煮圓糯米的話水量就約用六成。也就是說，一杯圓糯米（180ml）的話約要配上 108ml 的水。

至於糯米洗淨後要不要先浸水，應該要看加熱方式來決定。如果是用電子鍋或瓦斯爐甚至是微波爐快速加熱的話，事前就要先泡個一小時的水再瀝乾備用；若是用電鍋的話，一煮之後可以翻鬆過再煮第二次，就算不事先泡水也比較沒差。無論用什麼方式加熱，最後一定要燜個十分鐘以上，才能確保糯米熟透、並帶出它的彈性。

簡單的油飯配料不外是乾香菇、蝦米、蔥頭酥、肉絲這些。乾香菇和蝦米先用水泡開後瀝乾，香菇和豬肉切絲，肉絲可先以醬油稍微醃過備用。以麻油爆香蝦米和香菇，加上肉絲炒過，最後再拌入蔥頭酥。熄火後把瀝乾的糯米一起放進鍋裡，加進所需的水量和 1 大匙醬油、少許糖、白胡椒粉，直接在瓦斯爐上小火燜煮或是用電鍋煮好燜熟，就可以品嚐香 Q 的油飯了。

Cooking Note

1. 先將糯米泡 1 小時的水之後瀝乾。乾香菇和蝦米也預先用水泡開後瀝乾，香菇和豬肉切絲，肉絲先以醬油稍微醃過備用。

2. 以麻油爆香蝦米和香菇，加上肉絲炒過，再拌入蔥頭酥。

3. 熄火後把瀝乾的糯米放進鍋裡，加進水和醬油、糖、白胡椒粉，在瓦斯爐上煮開後以小火燜煮或是用電鍋煮好燜 10 分鐘以上即可。

台南米糕

1+20 HRS MINS

List of Food

糯米飯

1 糯米　1 米杯
2 水　108ml

or

糖醋小黃瓜

1 小黃瓜　1 條
2 白砂糖　1 大匙
3 白米醋　1 大匙

配料

1 肉燥　2 ～ 3 大匙
2 魚鬆　1 ～ 2 大匙

Cooking Time

台南米糕並不像筒仔米糕那樣跟配料一起蒸，而是將糯米飯淋上噴香的肉燥、撒上魚鬆，搭配熟花生和醃過的小黃瓜一起吃。

糯米還是先泡水、瀝乾，一樣是用 6 ～ 8 成的水量，不必調味，直接煮成白糯米飯，用叉子翻鬆。

搭配的小黃瓜先切成薄片，一條小黃瓜約加個 1 大匙白砂糖和 1 大匙白米醋，醃至出水變軟即可。雖然簡單，但配上肉燥的油潤和魚鬆的鹹酥，更顯出這糖醋小黃瓜的清爽可口。

Cooking Note

1 糯米先泡水一小時、瀝乾，加水煮成白糯米飯，用叉子翻鬆。

2 小黃瓜切薄片，加上白砂糖和米醋，醃 5 ～ 10 分鐘出水變軟即可。

3 煮好的糯飯加上肉燥、小黃瓜、魚鬆即完成。（肉燥做法請參考 P31）

甜米糕

1+20 HRS MINS

or

List of Food

1 糯米	1 米杯	4 黑糖	1～2 小匙
2 水	108ml	5 二砂	1～2 小匙
3 米酒	1 大匙	6 葡萄乾或其他乾果、蜜餞	1～2 大匙

Cooking Time

甜米糕其實就是改做成甜口味的糯米飯，再用容器壓成形即可。

1杯糯米照樣煮成糯米飯，煮飯的水裡可以添個1大匙米酒；也可加上桂圓煮成桂圓米糕。我沒有桂圓，煮的是白糯米飯；煮好燜熟之後趁熱拌上黑糖和二砂各1、2小匙，甜度和兩者的比例可以自行調配。要拌白砂糖也不是不行，不過我煮的已經是白糯米飯了，再不用糖來增些色香就太寒酸了。剛好手邊還有智利產的大顆葡萄乾，也加一些和糯米一起混合。

找個合適的容器，鋪上保鮮膜，排上葡萄乾或龍眼乾或其他蜜餞；鋪上甜糯米飯壓緊成形後就是溫暖圓潤的甜糯米糕了。

1 參考台南米糕（P177）的方法煮糯米飯，不同的是可在水裡加1大匙米酒。煮好燜熟之後趁熱拌上黑糖和二砂。

2 加上葡萄乾與甜糯米飯攪拌均勻即可。

貓丸式
創意小技巧

下廚做菜時，除了對於食材和烹調方式的運用之外，能為一道菜加分的最快方法，莫過於增加些許視覺上的變化。

不需要特別準備裝飾用的材料，只要在擺盤的時候稍微用一點心，改變食物原本的切法或排列方式，就能營造出一種新鮮的氣氛；也可以拿其他食材來做搭配或是點綴，就能令平凡的菜色變得更加精緻。

當然更要善用食物以外的各種材料，只消一點工夫、就能有大大收穫。就連最不起眼的一張白紙，稍微剪一剪、摺一摺，都能變化出許多不同的用途。

我一向喜歡把餐盤粧點得賞心悅目。但那並不意味著需要為了裝飾而買一些根本就不吃或不用的東西；只要從手邊現有的材料裡尋尋寶、並善用每樣食材本身的特性，信手拈來，就能為菜餚的視覺效果加分。

青江菜
化身為玫瑰花

在煮清江菜之前，把靠近根部的地方切下約 3 公分左右，將邊緣修整一下，馬上就是一朵現成的大花了。

綠色星星秋葵

一根根的秋葵長相一點也不起眼；但是橫切的秋葵卻有著星星或小花一般的形狀。隨意地撒在盤子上就儼然是一種裝飾了。

生火腿、火腿、番茄變身紅玫瑰

生火腿：生火腿質地柔軟、要捲要摺都可以。把五、六片切成半圓形的生火腿一片接一片捲起，外層的兩三片稍微攤開來，就是好吃好又看的玫瑰了。

火腿：加熱過的火腿不像生火腿那樣容易塑形，必要的時候可以加支牙籤做為輔助。輕輕對折之後捲起來固定住即可；也很適合用來塞在便當菜的縫隙裡當填料。

番茄：切成薄片的番茄疊一疊，就是朵嬌豔的紅花；再來點羅勒做為點綴，視覺和味覺上都很搭配。

西洋芹
粧點成杜鵑

斜切的西洋芹會有 U 字形的切口；讓五個 U 字團團坐、互搭著肩，不也是朵花嗎？

超可愛的
心型草莓

草莓的表面鮮紅欲滴，而切開來又有由紅轉白的漸層效果，增加了不少色彩上的變化。就連切下來的草莓蒂都能當成是一種裝飾。

簡易煎蛋模

圓形的厚煎蛋就用這種自製模來煎，比市面上賣的煎蛋模還好用。一樣從 A4 紙的長邊上剪下約 4 公分寬的紙條，對折以增加強度；在外面包張一張鋁箔紙，包好後捲成一圈，把其中一端套進另一端裡、固定住紙圈。可以配合麵包的大小來調整紙圈的尺寸。

煎蛋之前可以在模子內側稍微塗一點油以防沾黏；煎的時候蛋最好能慢慢放進模子裡，讓蛋白先流進模子底、就能把模子和鍋底黏得牢牢的，之後整個蛋下下去也絕對不會漏。煎好底面之後可以在鍋裡模子外的地方加一點水，蓋上鍋蓋轉小火把蛋的表面燜熟。不吃半熟蛋黃的人最好趁早把蛋黃戳破，免得整顆蛋黃燜到全熟之後會太硬、影響口感。

A4 紙也能變成廚師帽

拿普通的 A4 影印紙來做就可以。沿著長邊剪下大約 7 公分寬的紙條，對折，剪成流蘇形、但不要剪到底。擷取需要的量繞在雞腿上固定住即可。

蛋糕裝飾紙型 1

簡單的小把戲，把一小張紙對折再對折，剪出想要的形狀後再攤開。用指尖沾少許水將紙型抹平，就會服貼許多，也能吸附住撒在上面的粉類；放到蛋糕或盤子上，篩上足量的糖粉或無糖可可粉，小心移開紙型，就有了可愛的圖案嘍。

蛋糕裝飾紙型 2

就像在剪窗花的那種感覺，把正方形的紙對折成三角形之後，再摺成三等分，最後再對折一次，就成了十二等分裡的一角。配合蛋糕的尺寸剪好需要的圖案，展開之後就成了對稱的連續圖形。一樣用少許水沾溼抹平，放在蛋糕上、再篩上糖粉或可可粉。篩完粉之後紙型要小心地垂直拿起、才不會讓多餘的粉掉落；若是不容易用手拿的話也可以用鑷子來夾。

蛋糕裝飾紙型 3

裝飾大型蛋糕也不一定要剪大張的圖形，可以多剪幾個簡單的小圖，再加以排列組合。除了平面的圖形之外，也可以再搭上一兩個立體的點綴，更能增加視覺上的變化。

凱特文化 樂活23

99道零失敗五星級料理：
超簡單3步驟，廚房新手也都會煮的美味三餐

作者・攝影 貓丸（陳穎穎）
發行人 陳韋竹｜**總編輯** 嚴玉鳳｜**主編** 董秉哲
責任編輯 李育萍｜**封面設計** 楊荏因｜**內頁排版** 楊荏因
校對 陳穎穎、洪源鴻、李育萍｜**行銷企畫** 許雅婷、黃士偉
印刷 詠富資訊科技有限公司
法律顧問 志律法律事務所 吳志勇律師

出版 凱特文化創意股份有限公司
地址 新北市236土城區明德路二段149號2樓
電話 （02）2263-3878｜**傳真** （02）2263-3845
劃撥帳號 50026207凱特文化創意股份有限公司
讀者信箱 service.kate@gmail.com
凱特文化部落格 http://blog.pixnet.net/katebook
營利事業名稱 聯合發行股份有限公司｜**負責人** 陳日陞
地址 新北市231新店區寶橋路235巷6弄6號2樓｜
電話 （02）2917-8022｜**傳真** （02）2915-6275

初版 2011年4月｜**ISBN** 978-986-6175-22-0
定價 新台幣 320元

國家圖書館出版品預行編目（CIP）資料
99道零失敗五星級料理：超簡單3步驟，廚房新手
也都會煮的美味三餐/ 貓丸（陳穎穎）著.
-- 初版. 新北市 ： 凱特文化創意, 2011.04
面 ； 公分. --（樂活 ； 23）
ISBN 978-986-6175-22-0（平裝）
1.食譜 2.烹飪
427.1 100002273

凱特文化 讀者回函

敬愛的讀者您好：
感謝您購買本書，只要填妥此卡寄回凱特文化出版社，我們將會不定期給您最新的出版訊息與特惠活動資訊！

您所購買的書名：99道零失敗五星級料理
姓名：＿＿＿＿＿＿＿＿＿＿＿＿＿＿＿＿＿性別：□男□女
出生日期：＿＿＿＿年＿＿＿＿月＿＿＿＿日　年齡：＿＿＿
電話：＿＿＿＿＿＿＿＿＿＿＿＿＿＿＿＿＿＿＿＿＿＿＿＿
地址：＿＿＿＿＿＿＿＿＿＿＿＿＿＿＿＿＿＿＿＿＿＿＿＿
E-mail：＿＿＿＿＿＿＿＿＿＿＿＿＿＿＿＿＿＿＿＿＿＿＿

＿＿＿＿ 學歷：1.高中及高中以下　2.專科與大學　3.研究所以上
＿＿＿＿ 職業：1.學生　2.軍警公教　3.商　4.服務業　5.資訊業　6.傳播業　7.自由業　8.其他
＿＿＿＿ 您從何處獲知本書：1.逛書店　2.報紙廣告　3.電視廣告　4.雜誌廣告　5.新聞報導　6.親友介紹　7.公車廣告　8.廣播節目　9.書訊　10.廣告回函　11.其他
＿＿＿＿ 您從何處購買本書：1.金石堂　2.誠品　3.博客來　4.其他
＿＿＿＿ 閱讀興趣：1.財經企管　2.心理勵志　3.教育學習　4.社會人文　5.自然科學　6.文學　7.音樂藝術　8.傳記　9.養身保健　10.學術評論　11.文化研究　12.小說　13.漫畫

請寫下你對本書的建議：＿＿＿＿＿＿＿＿＿＿＿＿＿＿＿＿＿＿

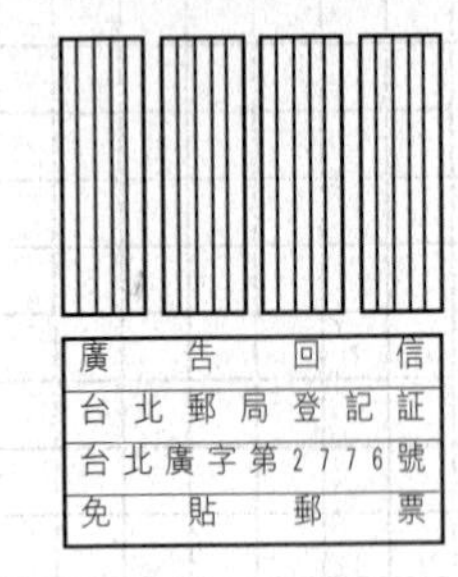

新北市236土城市明德路二段149號2樓

凱特文化　收

姓名：

地址：

電話：